和孩子一起断舍离

子どもの学力は「断捨離」で伸びる！

[日]山下英子 著

贾耀平 译

湖南文艺出版社
HUNAN LITERATURE AND ART PUBLISHING HOUSE

博集天卷
CS-BOOKY

·长沙·

KODOMONOGAKURYOKUHA「DANSHARI」DENOBIRU! by Hideko Yamashita
Copyright © 2016 by Hideko Yamashita
All rights reserved.
Original Japanese edition published in 2016 by SB Creative Corp.
Simplified Chinese edition is published by arrangement with Hideko Yamashita through Hana Alliance Consulting Co. Ltd.

© 中南博集天卷文化传媒有限公司。本书版权受法律保护。未经权利人许可，任何人不得以任何方式使用本书包括正文、插图、封面、版式等任何部分内容，违者将受到法律制裁。

著作权合同登记号：字 18-2025-071

图书在版编目（CIP）数据

和孩子一起断舍离 /（日）山下英子著；贾耀平译. -- 长沙：湖南文艺出版社，2025.6. -- ISBN 978-7-5726-2417-9

I. B821; G782

中国国家版本馆 CIP 数据核字第 20258UH135 号

上架建议：心理励志

HE HAIZI YIQI DUAN SHE LI
和孩子一起断舍离

著　　者：[日] 山下英子
译　　者：贾耀平
出 版 人：陈新文
责任编辑：张子霏
监　　制：邢越超
特约策划：李齐章
特约编辑：周冬霞
版权支持：金　哲
营销支持：周　茜
版式设计：李　洁
封面设计：主语设计
内文排版：百朗文化
出　　版：湖南文艺出版社
　　　　　（长沙市雨花区东二环一段 508 号　邮编：410014）
网　　址：www.hnwy.net
印　　刷：北京中科印刷有限公司
经　　销：新华书店
开　　本：775 mm × 1120 mm　1/32
字　　数：99 千字
印　　张：6.5
版　　次：2025 年 6 月第 1 版
印　　次：2025 年 6 月第 1 次印刷
书　　号：ISBN 978-7-5726-2417-9
定　　价：45.00 元

若有质量问题，请致电质量监督电话：010-59096394
团购电话：010-59320018

前言

**❝ 很想让孩子
考上名牌大学！❞**

捧着这本书的你，家里的孩子是不是在不久的将来要面临考试？

即使不是如此，我想你不仅对考试，对教育和育儿也有超乎常人的关心。

我有个儿子，他现在已经从国立大学毕业，进入社会了。在他面临考试，尤其是大学入学考试时，作为母亲的我对东奔西走的狼狈劲儿如今记忆犹新。

我发现来听"断舍离"讲座的很多大人也非常关心考试、教育和培养孩子的问题。

我需要提前说清楚的是，"断舍离"并不是什么整

1

理术。

面对各种问题，孩子需要独立思考，判断其是否"要、适、快"。因此，"断舍离"是培养孩子"思考力"非常有效的练习法。

所谓"要、适、快"，指的是一个东西对自己是否"需要、适合、舒服"①。这需要我们独立判断，不能让人替我们做判断。

话说回来，为什么我说断舍离与孩子的考试有关系呢？这与日本2020年高考制度的重大改革有密切关系。

很多人应该知道，"大学入学中心考试"在2020年要被废止了②。

而且，高考要求的能力从以前的"记忆力"变成了"思

---

① "需要、适合、舒服"对应的日文原文为"必要·适切·快适"。
② "大学入学中心考试"是日本从1990年开始，由各个大学独立行政法人与"大学入学考试中心"联合举行的考试。这个考试一般在每年1月中旬的星期六、星期日两天举行，是日本历年参加人数都在50万人以上的最大规模的考试。从2020年开始，日本高考制度大改革，各个大学更加注重学生思维与表达能力的培养，并且在语文、数学科目中加大主观问答题的比例，同时推进英语教育改革。特别说明一下，本书的写作时间为2016年。——译者注，后同

考力",这一巨大的方向转变也成为人们关注的热点问题。

因此,2016年2月的初一学生及以后的孩子都要适应新高考制度,这就有必要从现在开始做准备。

像一些"1+1=2"的算术题或"写出历史年号"等只有唯一绝对答案的题目,只需要掌握某些技巧就基本上能解决。但是,对要考查"思考力"的新高考来说,仅仅靠在培训班学会的"小技巧"是难以应对的。

为了应对这个高考制度的重大改革,从学龄前到高中阶段,孩子不仅需要"公式、答案、解题方法"等知识量的储备积累,更关键的是要培养自身"独立思考,自我创新"的思考能力、思维发散能力和表达能力。在这个过程中,父母的参与度和参与方法也会产生很大影响。

除了父母外,和爷爷奶奶或姥爷姥姥居住在一起的家庭,也要注意不仅要让孩子背诵答案和解题方法,也要引导他独立思考问题,培养他的创新能力(当然老师也应如此)。

再过四五年,所谓的"高考赢家"就会大换血。也就是说,新高考本质上考查的不仅是"量",更是"质",而

"断舍离"恰恰是激发孩子的潜力,培养孩子真正需要的聪明才智的有效方法。

因为,孩子经过断舍离的不断锤炼,就能逐渐掌握亲身感受、独立思考、自我选择判断的能力,而这些能力恰恰从根本上支撑着他的学习能力的发展。

在日常生活中,父母引导孩子,让孩子主动地进行断舍离,逐步地梳理自己的思维,整理自己的情绪,培养自身的学习能力。对父母来说,也会产生想办法创新的乐趣,从而维持良好的亲子关系。

为了孩子将来茁壮成长,亲子间的团队合作一定是必不可少的。

这本书并不是单纯地将断舍离作为整理术来介绍,而是探索亲子关系的本质,以及如何实现亲子人生共赢的方法。

孩子走向社会需要具备的基本能力,除了知识储备外,更重要的是问题解决能力、沟通能力等独立思考的能力,还有同理心、合作协调性等适应能力。我相信有社会经验的父母也能理解这一点。

高考虽然只是人生路上的一个节点而已，但是对家长和孩子来说，高考是非常重要的节点。

从现在起，我们要先人一步，培养孩子去掌握应对未来的"思考力"。如果能更上一层楼，建立起融洽和谐的亲子关系，那就真是再好不过了。

走！让我们出发吧！

目录

第1章
为了让孩子考试成功，家长能做些什么？

1. 断舍离是绝佳的"思考"训练 /002

2. 整理可以锻炼思考力 /004

3. 孩子以自我为轴心做最终决断 /006

4. 父母提供建议即可 /008

5. 父母先试着做 /010

6. 父母不动摇，孩子就稳定 /011

7. 尊重不同的观点和价值观 /013

8. 抛出问题，激发孩子的积极性 /015

9. 爱孩子所爱，喜孩子所喜 /017

10. 培养审美意识，提高学习能力 /019

11. 想清楚"自己想怎么做" /021

12. 把日常生活变成自然的考试学习"场" /023

第2章

考试从知识点记忆型转向重视"自主性"和"思考力"

1. 高考迎来大改革！ /026
2. 放眼世界，抛掉"常识" /028
3. "思考力"到底是什么能力？ /030
4. 会思考"没有标准答案的问题"的孩子才是赢家 /032
5. 开动脑筋，灵活解决问题 /034
6. 提升思考的"肌肉力量" /036
7. 让空间新陈代谢 /038
8. 心情也要新陈代谢 /040
9. 给孩子一个专注的空间 /042

第3章

亲子关系中的断舍离

1. 父母是否只是为了满足自我而利用了孩子？ /046
2. 父母的自我主义成"知名后援" /048
3. 父母绝不该做的事 /050

4. 孩子会试图报复父母的"自我膨胀" /052

5. 你是不是有"自我主义迟钝症"？ /054

6. 父母清楚内心的"自我满足"吗？ /056

7. 断舍离用"减法"来思考 /058

8. 不说不做，越说越不做 /060

第4章
做心情愉快的家长

1. 对孩子的成长有很大影响 /064

2. 生活姿态散发的"气之和风" /066

3. 打着"为孩子着想"的幌子 /068

4. 曾经落后的孩子名列前茅 /070

5. 提升成绩的根源不在于做题技巧 /072

6. "大人充实愉快的生活态度"也能提升孩子的学习专注力 /074

第5章
在亲子断舍离中提升孩子的能力

1. 不知何时陷入的"但是"综合征 /078
2. 父母干涉太多会损伤亲子关系 /080
3. 承认自身对孩子抱有"自我主义" /082
4. 点燃不良循环的导火索 /084
5. 孩子不是父母的附属品 /086
6. 建立真正的亲子关系,开端是"发脾气" /088
7. 从容自在地向前走 /090

第6章

考得好的孩子
本质上是"有创意的孩子"

1. 迎接考试和断舍离都可以从家庭内部着手 /094
2. 有自在感的家,显眼位置没有垃圾桶 /096
3. 杂乱的书桌代表杂乱的思维 /098
4. 有自在感的空间也能提升孩子的自我形象 /100
5. 亲子共同锻炼思维、感觉和感受性 /102
6. 应考中活用扩大空间、延长时间的方法 /104

第7章

没有亲子合作,哪来考试成功?

1. 高学历看起来很光鲜 /108
2. 儿子讨厌父亲的缘由 /110
3. 各种杂物控制着人的自尊自信 /112
4. 很多事物打着"过往证物"的幌子霸占着空间 /114
5. "悲哀的证物"和"扼杀萌芽的证物" /116
6. 接纳孩子的变化 /118

第8章
实践亲子断舍离！

1. 简单得有点让人扫兴的第一步 /122
2. 用"玩游戏"的心态来磨炼亲子间的相互理解 /124
3. 孩子有自己的价值观和主张 /126
4. 不感兴趣的东西就会觉得无价值 /128
5. 表达自我意见，但不强加于他人 /130

第9章
父母亲自实践才能熏陶孩子

1. 摆脱加拉帕戈斯综合征 /134
2. 尊重自我才是万事原点 /137
3. 首先父母要有自尊心 /139
4. "长大成人很美好"的教育理念 /141
5. 让孩子感受父母的自尊心 /143

第10章
应试和断舍离都离不开"具身性"

1. 回归具身性 /146

2. 获得健全的具身性 /148

3. 培养"节奏感" /150

4. 摆正"姿势" /152

5. 调整"呼吸" /154

6. 房间流通着新鲜空气 /156

第11章
断舍离与生存力的锻炼

1. 富士山的孩子，珠穆朗玛峰的父母 /160
2. 用应考来收获更多自尊心 /162
3. 即使考砸了…… /164
4. 人为什么要学习？ /166
5. 不需要"答案"，"思考"才是关键 /168
6. 亲子是一起思考没有答案的问题的同志 /170

终 章

灵活应对人生路上的各种阻碍

1. 为什么想让孩子上那所学校？/174

2. 让孩子拥有自己眼中的"需要、适合和舒服"/176

3. 开始主动学习 /178

4. 开启思考力大门的断舍离行动哲学 /180

后　记 /183

第1章 为了让孩子考试成功，家长能做些什么？

和孩子一起
断舍离

1. 断舍离是绝佳的"思考"训练

正如我在前言中提到的那样，断舍离并不是什么整理术或教你如何清理东西。

我把"断舍离"这三个字分解开来讲。

所谓"断"，即拒绝不需要的东西，"舍"，即只留下自己喜爱的、满意的东西，经历过"断"和"舍"的过程后才能达到"离"。

需要得到什么，需要"断掉"什么，需要留下什么，需要舍弃什么，我们要在大脑里反复思考，做出选择和判断。经过这些独立思考和自我抉择后的"离"才能孕育出自尊的情感（自尊心）。

换句话说就是，理解自身，珍惜自我。

在我们认真思考每一项事物与自身关系的过程中，断舍离的"心流"就会反复循环下去，"思考力"也在不知不觉间生根发芽。

断舍离的第一步正是认真思考眼前事物与自己的关系。面对某一事物，在大脑中调动一切思维、感觉、感受，反复地叩问它对自己"是不是需要""是不是适合""是不是舒服"，舍弃那些"不需要、不适合、不舒服"的，留下那些"需要的、适合的、舒服的"。

而这一连串的心流让人们能真正锁定那些需要的、适合的和舒服的事物。断舍离也可以被称为"思维整理术"。

因此，父母和孩子合力进行断舍离会锤炼孩子的思考力。

断什么、扔什么、留什么——断舍离正是一种让孩子在反复的思考、选择、判断的过程中，锻炼大脑和心灵，培养自尊心的实践性训练。

2. 整理可以锻炼思考力

为方便起见，我们先从身边看得见的"东西"开始实践断舍离。其实，在这个过程中，那些看不见的"东西"——思维、情绪——的质量也会逐步提高。

我们整理好这些看得见的物品后，空间也会变得井井有条，那么，我们的思维也会变得井井有条。思维好了，整个人的心情也就平静下来了。

日常生活中有很多时候能利用这种良性循环去锻炼孩子的思考力。

以身边的物品为抓手来锻炼思考力。在改善自己与物品关系的同时，我们也整理出一个舒适的、有利于锻炼思考力的舞台（空间）。

整理物品非常重要，但整理物品本身并不是断舍离的目的。

实践断舍离时，判断的基准核心正是你自己。一件物品,"自己真正需不需要""对自己适不适合""自己用起来舒不舒服"——这些问题不依赖他人,而是靠自己来思考、选择和判断。

立足"自我轴",才能真正锻炼思考力。

锻炼思考力必然需要"自我轴",也就是"独立性"。

我们始终要把"此时此地的自己"作为轴心来实践断舍离,不能以物品为轴心做判断——"觉得东西还能用"或是"东西扔了怪可惜的",也不能以过去或将来的自己为轴心做选择——"以前自己常用这个,得留着""以后自己可能用得上"。

自身的思考力也会在以"此时此地的自己"为轴心的思考、选择和判断的过程中逐步得到提升。

3. 孩子以自我为轴心做最终决断

那么,父母和孩子具体应该如何实践这种以自我为轴心反复思考、选择、判断的断舍离呢?

我们首先要明确一个绝对重中之重的原则,那就是在断舍离的过程中"下最终决断的不是别人,而是本人"。

一个东西,是扔掉还是留下,下判断的不是别人,而是它的所有者。换句话说,父母不能擅自扔掉孩子的东西,也不能强制孩子将其扔掉。

即使生活在同一屋檐下,即使是买给孩子的东西,只要是属于孩子的,孩子始终是它的主人。

一些在父母眼中没用的、不需要的东西,在孩子看来可能是不可或缺的大宝贝。实际上,很多时候孩子和父母的价值标准是大相径庭的。

判断一件东西的价值大小,始终是由它的所有者——孩子按自我轴来决定的,这是大前提、大原则。

为人父母的心情确实可以理解，但是如果无视孩子自己的想法，擅自干涉处理的话，那就只是大人的自我感动而已。

父母欠缺的正是"不去帮把手的勇气"。

最开始即使花的时间较多也没关系，最重要的是孩子能自己独立思考，勇于挑战。如果大人总是无微不至地为他铺好路，孩子最终会变成"坐等指示"的懒人，养成万事被动的习惯。

这样做反而为他参加考查思考力的考试，以及以后走向社会工作岗位和独立生活埋下了很多隐患，制造了很多障碍。所以，父母要尽可能有意识地制造各种机会，让孩子能以自我为轴心去做选择和判断。

4. 父母提供建议即可

父母帮助孩子的方式也会影响孩子的思考力。

不恰当的辅助不仅是思考力发展的绊脚石,甚至直接让孩子的思考力衰退萎缩。

这显然不利于孩子学习能力的提升,更遑论帮助其自如地应对专门考查思考力的新考试了。

父母按自己的标准去思考、选择和判断本属于孩子的东西,这不仅无法锻炼孩子的思考力,更伤害了孩子的自尊心。

那些从内心深处无法爱自己的孩子,也没有什么自信去独立思考、选择和做判断了。

在孩子处理东西时,父母只需给出自己的建议即可。

但是要不要听从父母的建议,应完全由孩子以自我为轴心去做判断。这一点也是非常关键的。

每个父母都想让孩子听从自己的意见。这背后其实是父母心中那种"未经世事的毛孩子哪里会做什么判断，自然是在人生路上摸爬滚打好多年的大人才能给出正确答案"的潜意识在作祟。

其实，作为父母的我们不妨先放下这种"自大"，有意识地控制这种"自大"。然后，试着把思考、选择和判断的权利完全交给孩子，交给他的"自我轴"。

其实，话说回来，强制孩子进行断舍离本身也是一种禁忌。

大人可以向孩子提议要不要一起做断舍离，至于做不做完全由孩子做主。

只有在这些原则和前提下，才能真正地培养孩子自身的独立性、自尊心，还有思考力。

5. 父母先试着做

首先，父母可以亲自做做看。

引导孩子断舍离，不是强制孩子，大人先试着做示范也很重要。如果你命令孩子去做连你都没做过的事，唯一的结果就是遭到他的反抗——"爸爸妈妈不是都没做吗？那凭什么我就必须断舍离呢？"

大人看到孩子不听话，房间乱糟糟的样子，只会越来越心烦。与其陷入这种负能量的旋涡中，为什么大人不亲自做做看呢？这样做反而是最轻松、最明智的。大人如果袖手旁观，不做榜样的话，孩子无论何时都无法走上断舍离之路。

大人可以关注一下周围的东西，不妨先从处理客厅一角的旧杂志开始吧。

这种小事门槛不高，难度不大。只要迈出一小步，就能很快有收获。

6. 父母不动摇，孩子就稳定

想要赢得考试，一颗平顺稳定的内心对孩子来说很关键。那么，孩子父母的内心也要做到平顺稳定。

首先，大人在处理物品时，要反复地思考、选择、判断这个物品"现在的自己是不是需要""是不是适合现在的自己""现在的自己用起来是不是舒服"。

如果自己身边的物品都是经过"自我轴"——思考、选择、判断——筛选出来的好东西，那么自己的思维也会自然而然地清晰起来，心情也会顺畅起来。

然后，自己从内心爱上了自己，滋养出珍视自我的"自尊心"，从而实现个人成长的良好循环。

孩子能敏锐地察觉到大人的这种平顺稳定的心态。在耳濡目染中，孩子也愿意主动去实践断舍离。

断舍离的第一步很简单。从收拾扔在客厅角落的一本旧杂志或抽屉里的一支圆珠笔开始就足够了。

也不需要拿出整段的时间去整理东西，只要从"想起来随手就能搞完"的小事入手即可。

这种零碎的，但只要做就能获得的小成就感，一点一滴地积累起来就会逐渐形成一种习惯，同时也让思考力的练习变成日常生活的一部分。

孩子应对新高考的思考力"地基"逐步打好后，剩下的就是做好考前具体的应试准备了。

"思考力"不同于"记忆力"，前者考验的是更宽泛的、更深刻的能力，并不是耍聪明式的技巧策略。因此，一个孩子是否能从现在开始利用断舍离，真正锻炼思考力，决定了他以后能不能与现在的自己拉开巨大的差距。

7. 尊重不同的观点和价值观

虽说大人能控制自己尽量不去干涉孩子，但还是有不少人受不了孩子乱七八糟的房间。这种心情也不是不能理解，因为与自己的东西相比，人们更倾向于关注他人的东西。

在大人看来，那堆小山一般的旧漫画杂志简直跟垃圾没什么两样，可是孩子却把它们当作大宝贝。

父母绝不能随意介入孩子与漫画杂志之间的关系，绝不能强制孩子扔掉杂志，更不能背着孩子偷偷清理掉杂志。

这也是我多次讲过的一个很重要的问题。

孩子的东西就是孩子的，如何处理始终是孩子说了算，父母不得干涉，不能侵犯孩子的"领地"。

大人也不妨借此机会把"孩子是自己的所有物"这个观念彻底清除掉，试着告诉自己"这些东西对孩子来说可能是宝贝,虽然我不太懂"。

所谓"各花入各眼"。同样一个东西,不同的人对它的感觉也是截然不同的。近几年,"diversity"即"多样性"一词逐渐受到人们的重视。尊重多样性的企业不看人种、国籍、性别、年龄等,而是充分调动人才的自身优势,以便灵活应对激变的市场环境。

同样地,在断舍离时,允许每个人有不同的观点和价值观是很重要的。

作为大人,我们也可以把"多样性"这一"感应天线"安装到自己的生活工作上,接纳不同的观点和价值观,更好地应对人生的不同境遇,灵活地处理生活工作中的难题,更包容地对待孩子。

如果大人能做到海纳百川、心宽体胖,那么也能从侧面提升孩子的思考力。

8. 抛出问题，激发孩子的积极性

在养育孩子上，父母不能把自己的想法强加到孩子身上，而首先要"仔细倾听孩子的话"，要长出一副擅长"听话"的耳朵。

态度上也要宽和、灵活，不能一味地认定"凡是父母的话就是真理"，多相信一下自家的孩子也未尝不可。

如果父母不认真听孩子的话，孩子自然也不会听父母的话。他们内心会觉得："因为我讲的话爸爸妈妈没好好听，我才不想听到他们对我提的意见呢！"

很多时候，即使孩子心里承认大人的话有道理，自己原本也打算像大人说的那样去做，可是话到嘴边就变成了"我完全做不到"。

那么，我们不妨这么问问孩子：

"我觉得你的房间比较乱，你自己觉得呢？"

这不是给孩子提意见,而是把问题抛给他,让他自己去思考、选择和判断。

抛出问题,并不是要求孩子给出正确答案,而是探知孩子内心真正的想法。

这样的提问尊重了孩子,没有侵犯孩子的"领地"。

父母逐步引导孩子去独立思考、选择和判断这一点很重要。被认真对待的孩子也会感受到来自父母的尊重和关爱,他会感到无比喜悦。

9. 爱孩子所爱，喜孩子所喜

比如说自己的孩子特别喜欢画画。

他把自己的"作品"都保留下来，一张也没扔掉。

作为父母，命令孩子丢掉这些东西的话，自然说不出口。但是如果继续把它们留在家里，孩子又是东一张西一张地乱扔乱放，就会很让人头疼。

左右为难的你，不妨问问孩子。

"你最喜欢哪幅画？"

孩子会指着其中一幅说："最喜欢这幅。"

紧接着，大人要应声夸奖他："爸爸妈妈也喜欢这一幅，画得真好！"

这话听起来也许确实"有心机"，但也是对孩子的一个有效意见。

因为，孩子听到父母这么说，可能对除这幅画以外的作品不再那么上心，有助于他更主动地去处理其他图画。

如果杂物太多，确实妨碍到了正常的生活学习，大人还假装为了孩子好，而把孩子的图画留下来，那就是自欺欺人，并不是真正地尊重孩子。

因此，大人可以提出自己的建议，敦促孩子做出判断。

给孩子创造更多机会，让他独立思考，独立选择，独立判断，才能有助于培养孩子的自信心，用不着大人苦口婆心，孩子也能主动收拾好房间。

我把我儿子小时候捏的一个小鸡形状的黏土手工艺品挂在了自己家。这个黏土小鸡手法粗糙，怪模怪样，却是我的钟爱之物。

有时候，我在想，现在已经走入社会的儿子看见自己的妈妈还一直留着他小时候的"作品"，会不会一边感到难为情，一边又在偷着乐呢？

10. 培养审美意识，提高学习能力

从拓展孩子思考力的角度来看，珍视空间的这一审美意识很重要。

我们可能感觉"思考力"和"审美意识"放在一起有些牵强。但是"审美意识"并不像以前的应试机制只有唯一正解。

正视事物与自己的关系，反复进行没有既定唯一正解的思考、选择和判断才是断舍离。如果在这一过程中能尝到乐趣，那么考试考查的思考力一定会有飞跃性的提升。

与死记硬背式的教育不同，思考力考查的是自主性、具有温度的包容性等根本性的能力。

虽说技巧性的策略对牢记唯一正解确实有效果，但一旦面临从宏观角度考查思考力的新考试时，如果仅仅依靠这种速记的知识点和技巧性策略的话，在激烈的竞争中坚持不了多长时间。

就像我在前面所说的那样，面对同一事物，不同的人有不同的观点和价值观，连血亲也不一样。审美意识也是同样的道理。

对于同一件东西，孩子有其独特的感受，父母提出了不同的观点，也能让他知道"人各有不同"的道理，这也有助于磨炼他的感受性。

而且，审美意识也不是大人能强加到孩子身上的。就算孩子的房间在大人看来多么杂乱不堪，也不能不由分说地强制他扔掉自己的东西。这种做法不利于孩子思考力、自信心、感受性以及审美意识的发展。

父母对孩子有一颗包容之心，孩子也对别人怀有包容之心，而这种包容之心恰恰能提升思考力的包容性，也就是思维广度和宽度的拓展和延伸。

11. 想清楚"自己想怎么做"

利用断舍离，反复思考、选择、判断后筛选出来的东西本身反映出你的思维、你的感受、你的审美。

以自我为轴心去感觉、思考、选择、判断的过程也能增强自身的自信心。因为在这个过程中，自己要对结果负责，不能把责任推给别人。

很多大人听说断舍离后，会来咨询我："我是不是把××扔掉比较好？"这就不是"以自我为轴心来判断"了。

我通常会反问他们："你自己是怎么想的？"

也就是重新把思考、选择、判断的主动权交给他。

认真思考这一问题，这个行为本身就能打通"独立思考"的思维回路。这种体验也就变成了掌握"自我轴"的一个契机。

我们重新面对周身事物，重新审视事物与自我的关系。

我们思考、选择和判断面前的东西"现在的自己是不是需要",而这一连串的过程都是基于"思考力"展开的。我们调动起左右脑,充分发挥其优势,用"感觉"判断"是不是适合现在的自己",用"感受"去判断"现在的自己用起来是不是舒服"。

因此,我才说断舍离是锤炼思考力的利器。

12. 把日常生活变成自然的考试学习"场"

细致耐心地思考日常生活，有利于细致耐心地思考眼前的学习。

因此，如果大人能在日常生活中实践断舍离，享受其中的乐趣，孩子也会看在眼里记在心里，会自然而然地主动去断舍离，根本不需要大人苦口婆心和耳提面命。

上面的意思指的是我们大人在日常生活中能给孩子提供许多个"场"，让他们正视自己和物品的关系，能独立思考、选择和判断。换句话说，大人可以把整个日常生活打造成一个自然而然的为应试做准备的"场"，让孩子在这种"场"里独立思考、选择和判断。

我想大部分人都想不到能把整个日常生活当作应试学习的切入点。

即使能找到自己想要考的学校，却很难搞清楚该怎么着手准备。按照将来的考试制度，孩子仅仅是伏案啃书本算不上真正应对考试，因此他们就要在整个日常生活中去做应试准备。

至于能不能变成考试学习的"场"，就要看大人的引导方式了。

只要迈出一小步就好。

就像前面提到的那样，先从抽屉里的一支圆珠笔的处理开始吧。如果一开始就抱着雄心壮志——"我要好好断舍离整个房间！"，最后只会栽跟头。

先收获一个小小的成功体验，然后不断地积累这些"小甜头"，才会逐渐感受到断舍离的乐趣。

在应试期间，我们要多多积累这些日常生活中的小成果。因为，无论是应试还是断舍离，体验与过程都非常重要。

第2章 考试从知识点记忆型转向重视"自主性"和"思考力"

和孩子一起
断舍离

1. 高考迎来大改革！

我们重新来看看日本高考制度的大改革。

2020年，日本原来的"大学入学中心考试"将被废止，新高考考查方向发生大转变——从以往的"记忆力"考查向"思考力"考查转变。

2016年2月的初一学生及以后的孩子，都要适应新高考制度。到现在更是已经刻不容缓、迫在眉睫了，我们必须立刻打破传统观念，转变固有的思维方式。

以前"死记硬背做题公式、标准正解和做题技巧"这种传统的学习方式已经无法应对这种高考制度的重大改革了，我们真正需要的是到目前为止尚未得到充分锻炼的思考力，即"独立思考""创造创新""自主探寻解决问题的方法"的能力。

其实，比起孩子，大人对新高考感觉更迷茫。因为，孩子们原本就不了解以前的应试常识。即使有所了解，也没有亲身经历过，根本没意识到什么是新高考，他们只是逐步地接受眼前的现状罢了。

大人则不然。

大人经历过高考，在不断的备考过程中，有关高考的东西已经根深蒂固了。

对大人来说，他们学生时代的成绩大部分都是依靠对知识的死记硬背来决定的，而且除了少数问题以外，绝大部分的试卷问题都有"唯一正解"。大人觉得高考本应如此。

2. 放眼世界，抛掉"常识"

"把新东西放进一间空无一物的屋子容易，还是放进一间东西堆得满满当当的屋子容易？"

这个问题的答案是显而易见的，因此，父母必须革新自己以前的对于高考的固有概念。

面对高考的重大改革，学校教师自不待言，包括爷爷奶奶、姥爷姥姥在内的家长们也得反思自己是否能彻底抛弃"旧高考的常识"，真正接受"新高考的常识和价值观"。

我们不禁要问：为什么高考要从以前的对"记忆力"的考查转变为对"思考力"的考查呢？

因为，我们要培养的孩子不再只属于本地这个小范围，他们必须走出国门，走向世界的舞台。

如今，随着经济体系的逐步成熟，国家逐渐走向全球化，企业也一定会朝海外发展。

在这一背景下，上一章提到的"多样性"也越来越受到人们的重视，在单纯填鸭式灌输知识点的教育下培养出来的人是无法应对当今社会经济发展的。

诚然，知识很重要。因为人有了知识，才能去思考。但是，传统考试制度下有关学习能力的考查，因为过度偏向知识的死记硬背而长期受到诟病。

无论脑子里灌输了多少知识点，如果我们没有在这些知识点的基础上进行独立思考的话，是无法将其应用到全球化的工作中的。

如果父母这一代人不能适应这种社会发展潮流，无法摆脱以前的传统应试观念，不愿意接受新观念和新价值观，那么他们是无法创造一个能发挥孩子个性、激发孩子潜能的环境的。

3."思考力"到底是什么能力？

那么，我们应该怎么做好呢？

在说具体的解决方法之前，我们先来详细了解一下所谓的"思考力"到底是什么能力。

在传统的考试体制下，我们利用"记忆力"掌握的是"正确答案"和"推导出正确答案的公式或做题技巧"。

比如说历史科目，背诵并在填空题中写对年号、人名等就能得满分。

比如说数学科目，牢记套用公式等解题技巧就能得到正解。

语文科目上，写上出题人预先设定好的答案即可。如果写下的答案不符合出题人的设想，就是错误的。

比如说语文科目的题目是"请写出此时作者的心情"，实际上，作者很可能是边写边觉得肚子很饿，也可能是迫于截稿日期只好咬紧牙关,边给自己打气边写出来的这篇文章。

但是,只要考生这么一写,肯定被判错。

4. 会思考"没有标准答案的问题"的孩子才是赢家

不管怎么样,正是因为"试卷上的题目有唯一正解"这一既定前提的存在,才让死记硬背这种学习方法盛行起来。

诚然,推导正确答案的记忆能力的价值今后并不是完全没有用了,知识本身也是非常重要的,它们是思考力的源泉。

但是,新高考彻底颠覆了"有唯一正解"的固有常识,甚至考查学生能否独立发现问题的能力。

考试不是为了得出预先设定的正解,而是从一个问题展开独立思考。

换句话说,新高考考查的不再是谋求"向唯一的山顶"攀登的思维方式,而是转变成"从山野的某一点"向四周拓展扩散的思维方式。

想要"从山野的某一点"向四周扩散,这不能单纯依靠记忆力,而是要仔细琢磨问题,甚至从其中发现问题,深入挖掘问题。

有时候甚至需要一种"自在感",可以从全局角度俯视问题的"言外之意"。

从这一点来看,思考力指的就是能真正面对"没有标准答案的问题",能不断地挑战那些错综复杂的、无法被分解的问题的能力。

5. 开动脑筋，灵活解决问题

其实不用我多说，只要走入社会，我们面临的各种问题几乎都是没有标准答案的。

无论是完成销售额还是培养孩子，都不存在什么唯一正解。

面对眼前的问题，只能多多开动脑筋，随机应变，才能找到应对策略。

这些问题不限于我们的日常生活。当我们走向社会时，还要面临"在哪家公司就职？""要在那家公司工作多长时间？""要不要结婚？""准备和谁度过怎样的生活？"等问题，面对这些没有标准答案的问题，我们必须开动脑筋去思考、选择和判断。

从这个角度来看，废除旧的大学入学中心考试制度，从对"记忆力"的考查转变为对"思考力"的考查，从"求得唯一正解"变成"直面没有唯一正解的问题"，新高考制度值得我们双手迎接。

随着高考考查方向的大变革，小学、初中、高中的授课内容也会自动朝着培养学生思考力的方向转变。具备真正思考力的孩子长大成人，走入社会，推动社会发展，这也让我们对未来有所期待。

6. 提升思考的"肌肉力量"

那么,我们该如何培养思考力,如何面对没有唯一正解的问题,如何挑战复杂的、不按套路出牌的问题呢?

断舍离,正是一种具体的策略。

断舍离的第一步就是正确看待自己与周身每一件物品的关系,认真叩问自己:"这个东西对现在的我来说是不是需要?是不是适合?是不是舒服?"

这些问题是没有唯一正解的。不同的人对"需要""适合""舒服"的标准是不一样的,而且存在有些东西以前需要,现在不需要了;有些东西将来可能用得上,但是现在不需要等情况。

认真看待每一件物品,独立思考,找出真正属于自己的答案后做出判断。断舍离是我们可以直面身边没有正确答案的问题的"场"。

在不断练习和重复中，也许你会后悔自己当初把某样还有用的东西扔了，也许你会重新审视某个依然留下来的东西。

这些都没关系。因为，这个实践过程既培养了思考力，又锻炼了"思考的肌肉力量"。

断舍离的一个突出功能就是只要想起来，就能马上付诸实践。如果你希望自家的孩子掌握思考力，却发愁不知道如何着手时，不妨让他先从整理沉睡在抽屉里的一支圆珠笔开始。

这样，孩子很快就要面对没有正确答案的问题，同时这也是培养其思考力的机会。

7. 让空间新陈代谢

断舍离也很重视"新陈代谢"思维法。

断舍离讲求扔掉那些"不需要、不适合、不舒服"的东西，这不意味着断舍离不允许引入新事物。

引入新事物是一件大好事。就拿我自己来说吧，每当买到新东西，收到新礼物时，我都非常兴奋。

最重要的是，只有在判断这件东西符合自己的现状，自己用起来舒服之后，才把它带进自己的空间，不能什么都不考虑，胡乱地冲动消费，也不能贪图免费就不管好坏全揽在兜儿里。

买食物也是同样的道理。

没有人会觉得"反正最后都排泄出来了"，于是吃不下任何食物；也没有人光吃些维持生命的营养品，这样很快就会丢失生活的色彩和温度。

想要保持身体健康，就得坚决不摄入人体不想吸收的垃圾食品或加工食品。

我们要摄入那些让人身心愉悦的食物，充分地燃烧身体的热量，排出完成使命的食物残渣。而这种健康的新陈代谢法也可以用在空间整理和思维方法上，这一点恰恰也是断舍离的根本所在。

也就是说，我们并不因为"反正总有一天就用不了了"而把所有东西拒之门外，在逐渐把新东西带到自己生活中来的同时，也筛选出现有的哪些东西是新的自己所不需要的，然后将其清理掉。

断舍离十分推荐大家能反复地进行这些"新陈代谢"，建立起一个愉悦的空间去享受崭新的每一天。

8. 心情也要新陈代谢

"新陈代谢"思维不光可以用在物品上，还可以甩掉那些自己现在感到"不需要、不适合、不舒服"的知识，还能摆脱执念，远离那些伤心难过的回忆。

然后，张开双臂去迎接新知识、新思维、新回忆和新邂逅。在这样的新陈代谢循环中，逐渐拓展了人生的广度和宽度，得到螺旋式上升的成长。

螺旋式上升的第一步是处理抽屉里不出水的圆珠笔、锈迹斑斑的钥匙链、堆在衣橱深处不怎么穿的 T 恤等等。

孩子相信自己的思维、感觉和感受，正视自己的每一样物品，自己决定留下什么，挥别什么。

经过思考、选择和判断留下来的东西恰恰是自己思维、感觉和感受的证据。

虽然以后可能会后悔扔掉某个东西，但这也是断舍离的一种体验。无论是后悔还是庆幸，这种体验、这种经历都是孩子成长的一个过程,是更灿烂、更丰富的智慧人生的组成部分。

"正视物品与自我的关系,整理好内心。"——这种练习无论什么时候开始都不算晚。

如果从小学到初中阶段的青春期能够多多实践这种练习的话,孩子会受益无穷。

这种正视物品、减少物品,筛选出自己真正"心头好"的能力不仅能培养孩子珍惜东西的习惯,也有利于锻炼孩子识别人生"贵人"的眼光。

9. 给孩子一个专注的空间

讲求"正视事物，整理内心"的断舍离思维，并不是在流水账般的生活中随着时间能自然而然意识到的东西。

确实会有孩子在反反复复的试错中才意识到问题所在，但这种概率太小了。

比起碰运气，作为父母的你不妨尝试一下断舍离——压缩你周围杂物的数量，清理不需要的东西。你会明显地发现家里的杂物减少了，你的孩子也不可能不注意到这些变化。

我们确实做不到控制孩子什么时候能主动愿意去实践断舍离，但是你的改变、家里的改变就是给孩子的一大信号。

至少这要比你暴跳如雷地催他去学习效果好得多。

一个是胡乱堆放着无用杂物和垃圾的房间，一个是敞亮整洁，心爱之物被小心收藏的房间，哪个房间让人学习起来更投入显然是不言而喻的。

除了一部分被称为天才的怪咖①偏好杂乱无章的环境，绝大部分人都会选择后者。

一个能集中注意力的空间对孩子来说是最好的礼物。把这个空间整理好，孩子也会调整好自己的思维和情绪，这更是一个绝佳的礼物了。

这也许是父母为孩子的学习，为给他的人生加油打气，送出的最棒的礼物了。

---

① 怪咖有"怪胎""怪人""另类"的意思。

第3章 亲子关系中的断舍离

和孩子一起
断舍离

1. 父母是否只是为了满足自我而利用了孩子?

断舍离给你带来的改变其实是送给孩子的一份最棒的礼物。这种改变从收拾沉睡在抽屉里许久未动的圆珠笔开始就行。

我们可以从这里切入,开始实践家庭的断舍离。大家因孩子的高考和教育而遇见断舍离,借此机会,我要把我所见过的,可能对孩子的考试和教育有负面影响的因素说一下。

你读了以下内容后,如果能够从一支圆珠笔开始实践断舍离,那无论是出于何种目的看到此书,你都能为孩子的好成绩,甚至他的幸福人生找到一条捷径。他身边的各种物品也会觉得很高兴。

下面我也会谈到自己的育儿经验和教训。

扪心自问:"自己是真心为了孩子的幸福去培养他的,

还是为了自我满足而去利用孩子的?"

我不知道有多少人能自信满满地坚定地喊:"为了孩子!"

如果听到这个问题你心里突然很紧张,这不难理解。因为为了自我满足而想让孩子考入名校,且对这个赤裸裸的目的没感到有丝毫问题的父母,不可能对这种问题有什么吃惊的反应。

很多人都不会意识到自己的本心"一定是为了孩子着想",他们试图避开这个本来的真正目的。

2. 父母的自我主义成"知名后援"

"孩子进名校，父母有地位"的观念背后是父母内心深处"自我主义"的潜意识在作怪，尽管这种想法并没有什么恶意。

但是，任由这种"干涉"蔓延会引起性质上的变化，父母真正的目的无意识中遭到忽视，放大的"自我主义"强加到孩子身上而不自知。现在社会上这样的父母确实不少。

反过来说，如果你觉得"自己本意确实是为了孩子着想，不知道这是不是一种自我满足"，这种质疑也是人之常情。这其实是你愿意认真审视自我，认真面对孩子的证明。

我曾经也是这样。以前常常想要把自己小时候没有实现的愿望全都寄托在儿子身上。

比如说，我自以为学门技艺好，就擅自挑了一个让儿子去练习,心里还期待他能取得好成绩。

但是这门技艺本是孩子学的,不是我学的,自然我的希望落空了。

"我只是期待孩子能实现父母自身实现不了的愿望。"

这种自私自利的狡辩背后其实是大人将"自我主义"——让孩子按自己的预想来长大——强加到孩子头上罢了。

这种"自我主义"也不是只有负面影响,如果它能发挥健全的功能,也能让父母变成培养出自信孩子的"知名后援"。

但是,如果父母的"自我主义"毫无节制,很多负面问题也会随之而来,比如伤害自己以及周围的人,甚至滋生出扭曲的人际关系。

3. 父母绝不该做的事

父母想让孩子进名校的愿望背后到底有着怎样的心理活动呢？

这其中应该掺杂着复杂的情感和观念，如果父母真正想的是"想让孩子茁壮成长，想给他一个安全放心、可以专注学习的环境"，我相信孩子也能感受得到。

相反，如果父母心里觉得"孩子考上名校能提升父母的地位""想获得别人的夸耀""不想被别人看成糟糕的父母""孩子考不好自己面子上不好看""我就是名校毕业的，我孩子至少不能比我差"等等，这显然不是真正为孩子着想，而是把自我满足放在第一位，这种扭曲的期待会让孩子背上沉重的包袱。

因为孩子对父母的态度非常敏感。

我并不是说大人要彻底抛掉自我满足感，本身这也是无法做到的。

　　但是,如果将考上名校最大的奖赏归结为"父母的自我满足"的话,无论是父母还是孩子,都不会发自内心地感到快乐吧。

4. 孩子会试图报复父母的"自我膨胀"

如果一个孩子被当作滋养父母内心"自我主义"的工具，为了实现父母的自我满足，那么他或多或少都想要报复这样的父母。

这种报复心理更多的是一种潜意识，甚至连本人都没有察觉到。

很多时候还处于学生阶段、无法自立的孩子不愿意让父母讨厌自己。

至少，这个阶段的孩子在饮食和上下学上需要父母照顾，并没有多少孩子真的会对父母咬牙切齿般地痛恨。（不过，确实从这个阶段开始，有些孩子便出现叛逆的行为举止了。）

孩子会敏锐且准确地察觉出父母为了自我满足而出现的"自我膨胀"。

对于父母的这种"心机"，有的孩子可能会默不作声，继续做一段时间的"乖孩子",有的孩子则会出现一定程度的"造反"。

不管怎么样,被当作"父母自我膨胀"工具的孩子,总会在将来的某一天谋划着对父母的报复。

遭到孩子的反抗是每个父母都不愿意看到的局面。因此,为了把糟糕的局面压缩到最小,父母也应该直面自己内心的"自我主义",做好思想观念上的断舍离。

"现在自己培养孩子,到底是真的为孩子着想,还是因为自我主义的膨胀?"父母要思考、选择和判断。

前后两种目的的分界线非常模糊,涉及的范围又非常宽泛,甚至可能找不到最终的答案。

但是有一点是确定的,那就是这种反省的意识会让你和孩子的关系朝着健康的方向发展。

5. 你是不是有"自我主义迟钝症"？

世界上没有完美的父母。现在想想，我以前也曾是个不成熟的母亲。因此，我觉得父母出现为了自我满足的"自我膨胀"意识也不是不可理解的。

即使如此，父母也必须有自觉性。

因为，父母会不知不觉地把"自我膨胀"当作一种"理所当然"，对待孩子的态度也会逐渐改变，开始觉得"我才是生他养他的人，他不听我的听谁的？""他也不想想，没有我，他能有现在这种条件吗？"。

一旦这么想，就说明父母和孩子之间的关系正在一点点地破裂。

面对这种局面，孩子只会变得懵懂无知，开始任意妄为，对父母的话无动于衷，无论听到谁的批评，都只会歇斯底里地反抗，变成一个很难相处的人。

如果一个人，他身上的缺点身边的人都一清二楚，只有本人尚不自知，那么这种人的人生已经远不止遗憾可以形容，甚至可以说是一种悲哀和恐怖。

确实有些个案中患有"自我主义迟钝症"的父母犹如中了邪一样，每天一刻不停地利用孩子，膨胀自我，实现自我满足。

这种不断地利用孩子膨胀"自我"，总觉得"孩子进了名校，老子就有地位"的父母，最后只能招来那些只会炫耀自己的地位、只会炫耀自家孩子的人。"物以类聚，人以群分"，他们都属于那些"自命不凡"的、极欲证明自我存在感的人。

有时候我面对这些人总是怒不可遏，火冒三丈，这也许是因为，从这些人的行为举止上我仿佛也看见了自己的影子罢了。

6. 父母清楚内心的"自我满足"吗？

至少在变成实现自我满足而自我膨胀的怪物之前，父母要做好心理上的断舍离。

父母须正视自己的内心，问问自己："我到底为什么希望孩子进这所学校？"

如果你内心的答案是"我为了面子才想让孩子进名校""我为孩子付出这么多，他至少得考个名校报答我吧""我自己学历不高，所以想让孩子有个高学历"等等，这就是父母的一种"自我满足"，首先父母要清楚自己这么想就是种"自我主义"。

意识到这一点后，父母可以尝试着先把自己放在一边，花时间好好想想"对孩子来说，最好的学校是哪里""孩子能够安心学习、逐步成长的学校是哪里"。

如果真正的答案依然是现在的目标学校，那也没关系。总而言之，父母如果存在自我膨胀的心理，自己要有自觉性，同时也要重新审视一下以哪个学校为目标才是真正为孩子着想。

希望每一位父母都能够在亲子共同断舍离的过程中，在与孩子互动的过程中抛开以往的"自我主义"，以孩子为中心考虑问题，从而真正摸索出正确处理亲子关系的途径，找到培养孩子的恰当方法。

7. 断舍离用"减法"来思考

断舍离本质上就是用"减法"来思考问题。

面对"不收拾、不整理"的局面,所谓的"只要都塞进收纳箱,就能很快整理完""不要的东西就收进储藏室或是租间仓库保管就好"的想法则是"加法"思维。

断舍离是做减法的,它认为如果一个东西对现在的你不能发挥机能,那你就应该与这个东西告别,对你不需要、对你不适合、让你不舒服的东西就要放手,就要扔掉。

对于孩子的学习,这种减法思维也很有效。

可能你觉得大人总是会忽略"孩子有无限的可能性"。

这一点确实没错,但是这并不是在说孩子拥有无限的时间,那条通往无限可能的路可能要付出超强的努力才行。

大人不要用加法思维，总觉得"让孩子做这个练习有效果""那个培训班口碑不错，孩子应该去"，不断地把一些"必做任务"压到孩子头上。

这些必做任务中也有很多是孩子排斥抗拒的。

如果是父母精挑细选后提供给孩子的，也不是不可以，但是抱着"如果不给孩子，我怕以后会后悔""这东西很不错，不用的话就亏了"的想法给孩子提供东西，这其实也是父母为了实现自我满足，而出于直觉做出的判断。出于"焦虑感""对未来的恐惧感"而做出的选择都会让孩子淹没在"必做任务"的旋涡中。

8. 不说不做，越说越不做

拣重点来说，就是父母不能简单粗暴地做加法——把数不清的任务一股脑儿地扔给孩子做，而是要做深思熟虑的减法——干脆麻利地去掉不需要做的任务，只留下该做的任务即可。

如果父母不停地给孩子做"加法"，孩子只会感到"被压迫"。

虽然孩子确实会在某段时期需要一个具有丰富的物质、信息和知识量的平台，但是长期处在物质、信息、知识量过剩的状态下，身心活动会变得迟缓，很难有充裕的条件去培养独立思考、创意创新的能力。

过了那段时期后，我们要减少身边的物质、信息和知识量。在减少各种纷杂事物的过程中，我们才能真正开动脑筋思考如何做到创意创新。

有时，你隐约觉得留着它有用的东西突然有一天消失了,你会觉得没有它很不方便,那么你会开始主动去思考该怎么办,也就是开始了知识的升华。

每个父母都希望没有自己的催促,孩子也能主动地伏案学习,不愿意暴跳如雷地把孩子押到书桌旁。

想要提高孩子的学习兴趣,增强他的主动性,就不能过度给予,也不能强迫压制,而是要激发出他的"饥饿感"才有效果。

而要让孩子感到适度的饥饿感,引发他的好奇心,增强他学习的主动性,那么做"减法"的效果远胜于做"加法"。我们不要过多焦虑"不催孩子他就不去学习",而要尽可能地花时间去信任他,去等待他顿悟。这其实是最快的捷径。

第4章 做心情愉快的家长

和孩子一起
断舍离

1. 对孩子的成长有很大影响

我要说一个关乎根本的问题——家长们要愉快地过好每一天，即使是为了孩子。

近几年，人们总爱讨论那些考上东京大学的孩子，他们的父母大部分也是东大毕业，工资水平都比较高。

这种"高学历的父母能养出高学历的孩子""来自高收入家庭的孩子的学历也不低"的论调确实赤裸裸地道出了现状。

但是，我认为比起这种直白的、无奈的言论，身边的父母是否能充实愉快地度过每一天对孩子有不可估量的影响。

在经济条件较好的家庭，很多身为顶梁柱的父母会带着负责任的态度，积极主动地投入工作中，同时独立思考、选择和判断，充分发挥自身的思考力，自尊自信、充实愉快地度过每一天。

至少我接触的和听说的富裕家庭里，没有什么人会把糟糕的现状归咎到别人身上，或是甘心当个受害者。

所谓"有其父必有其子"，如果大人能带着责任意识和自尊自信与孩子相处，那必然会对孩子的成长大有裨益。

责任意识、自尊自信、充实愉快，这些特征绝不是只有经济富裕的家庭才配拥有的。

只要自己改变视角，让孩子也改变视角，那么无论是谁，无论在何种环境下，无论从何时开始改变，都能过上充实愉快的生活。

2. 生活姿态散发的"气之和风"

充实愉快的生活并非完全受物质条件所控制。当然了,我们需要有一定程度的经济条件来维持日常生活,但是,即便没有特别丰厚的经济基础,也不妨碍我们过上轻盈且愉快的生活。

其实,我们可以仔细想想,生活中很多美好的回忆与金钱是否充裕是没多大关系的。

如果在人生路上有越来越多这种"愉快的回忆",那么孩子也会感受到来自父母生活态度的"气之和风"。

这种家庭熏陶正是一个人能具备责任心,从不推卸责任,也不会有什么被害者意识,带着自尊自信,与人、事、物保持着友好关系的源泉。

而且,他并非任性妄为,而是在完成自己被赋予的使命的同时,过上充实愉快的人生。

即使父母的侧影看上去多少有点傻里傻气，但我相信孩子一定能从父母的这种"人生姿态"中有所触动。

即便这种触动没有立刻反映在孩子的行为举止上，孩子也一定能感受到父母的那份用心。

3. 打着"为孩子着想"的幌子

如果父母在工作上"不能做自己想做的事",在生活上又表现出"义务感""被压迫感""虚无感",这其实也是在无声地告诉孩子"人生之路,漫长又坎坷"。

有些父母总觉得在孩子成家立业之前得牺牲自己去成全孩子。这对孩子来说简直就是"帮倒忙"。

等到孩子长大成人后,这样的父母一定又会向他抱怨:"你知不知道我为了你有多努力,吃了多少苦头!"显然,这些言辞不会换来孩子的感恩,反而会招致他的反感——"我什么时候让你为我努力的,我根本没让你为我吃苦受累!"

"为孩子着想"这种幌子很多时候就像一块免责金牌——父母贪图直接方便,无须用心仔细考虑自己真正想做什么。

真正思想健全的父母不会先考虑"为了孩子得抑制自己的爱好",而是会先多问问自己:"我真正想做的事是什么?""我该如何心情愉快地度过每一天?"

在不断的摸索中,我们会逐渐找到生活的点滴乐趣,也能感悟出"人生千千万万,人也千千万万,但是正是因为这些不同,才有了生活的缤纷色彩"的道理。即使在这个过程中会出现很多波折和坎坷,这种认真的生活态度也不会给孩子带来什么负面影响。

4. 曾经落后的孩子名列前茅

还是老生常谈的几句话，如果你觉得"培养自尊心，充实愉快地生活并不是一朝一夕的事"，你烦恼"生活工作上各种事情层出不穷，都不知道从哪里着手好"，那不妨从整理扔在抽屉里没动过的一支圆珠笔开始，以这一支笔开启你梳理思维的大门。

有一次，一位朋友给我讲了她孩子的故事。

朋友是一位普通工薪家庭的妈妈，养着两个男孩，其中大儿子的学习出现了问题。

他的每一个科目排名都在年级下游，尤其是英语成绩总是在 20 分左右徘徊。虽然我的朋友为此很发愁，但是她依然非常坚定地相信她的孩子，尊重他的个性，相信他的潜力。

有一天，她和大儿子偶然听了个有关记忆力的讲座，之后，大儿子的各科成绩一门接着一门开始往上涨。期末考试时，他的理科取得了98分，获得年级第一名，创造了历史纪录。最差的英语也从20分一下子突破了70分大关。

5. 提升成绩的根源不在于做题技巧

这种学习上的陡然进步，不仅是他本人，他的妈妈更是震惊不已。

以前用尽各种招数都无法提升的考试分数，在听完那次关于记忆力的讲座后出现了巨变，那一定是记忆力讲座起作用了。

但即便如此，一场记忆力讲座真的能带来如此惊人的效果吗？

朋友经过细致入微的观察才发现，她的大儿子学习成绩提升的最大因素并不是记忆力讲座本身。

她告诉我，那场记忆力讲座上的嘉宾的人生态度和人性温度让孩子感触颇深，他从心底憧憬能变成一个"真正愉快地度过每一天"的人。

她还说，以前，当大儿子看见电视里因为丑闻而鞠躬道歉的大人，看见他们满口狡辩的样子时，他的心里多少会觉得"大人也不过如此，还不如不变成大人好"。

但是，当他偶然走进那场讲座时，他才亲眼看见，亲身体会到"原来还有一些大人，他们为工作努力奋斗，同时也充分享受着生活的价值"，这种切身体验让他对学习真正提起了热情，真正投入其中了。

所以，无论这种记忆技巧有多么神奇的效果，讲授它的嘉宾的言行举止让人感到名不副实的话，任何听众都不会有多大兴趣去实践这些技巧的。

他从心底里觉得"我想变成那个老师那样的人""我想获得那个老师的表扬""长大成人原来是如此快乐啊"。于是，他暗暗下定决心："我要学习，我要吸收更多知识，我想了解我不知道的世界！"这种纯粹的求知上进心才是朋友的孩子积极主动地投入学习的最大原因。

6."大人充实愉快的生活态度"也能提升孩子的学习专注力

想要趁着偶然的契机去点燃孩子纯粹的上进心,父母就要重视日常与孩子相处的方式。作为孩子最亲近的人,父母至少应该先问问自己:"我眼中的愉快人生到底是什么样的呢?"

如果父母能够充实愉快地过好每一天,相信耳濡目染下,孩子也同样会过上充实愉快的生活。并且,不只有你的家庭你的孩子,还会影响其他人。

比如,你的人生态度可能给某个人、某个孩子带来绝佳的灵感和启发,受到你感染的大人也会感到"长大成人真的很开心",其人生态度也会让更多的孩子接触到什么是优秀的大人的生活态度。

"父母的生活充实愉快",乍一看与提升孩子的学习能力并没有什么关系。但就如之前的例子所说,在日常生活中,父母越多展示出充实愉快的生活态度,就越能感染孩子，让孩子对未来充满希望，从而能更主动地投入学习中。

可能你会觉得这简直是做白日梦，一点都不相信。

但是，我们每个人都期许拥有美好的未来，希望孩子能有个光明的前途。

那么，我们不妨从自己能做的事开始，先迈出一小步，而不是在一开始就认定这是白日梦，还没开始就举白旗投降。

大人愉快的人生也会给孩子带来愉快的人生。

首先你自己要下决心过上愉快的人生。为了自己，更为了孩子。我期待着每个人的每一个小决定能汇聚成巨大的正能量。

第5章 在亲子断舍离中提升孩子的能力

和孩子一起
断舍离

1. 不知何时陷入的"但是"综合征

看到这里，应该有不少读者可能会这么想：

"我原本以为这本书要介绍如何加强孩子的思考力，提高学习成绩，但是没想到还说到亲子关系之类的东西，这有必要吗？"

当然有必要，有很大必要。

做父母的，对孩子多少会带点着急上火的情绪。而且，很多时候父母都会无意识地压抑或抹杀这种冒火的情绪。

"我为他付出这么多，但是他却没有回报我。"

"作为父母的我们是名校出身，但是孩子的成绩却比较差。"

"从小对他这么好，但是他却不愿上学。"

原本出于对孩子的关心关爱在不知不觉间变成了一种

期待，而这种期待不知何时竟变成了一种要求孩子必须达到的最低标准。

当这种期待没得到满足时，作为父母的你就被一种"事与愿违"的愤怒所裹挟。

而这种情绪也恰恰是父母的"自我主义"——"想让孩子变成自己眼中理想的样子"。

这种心理变化的过程我们都有所经历。比如说，面对某件东西，最开始觉得"真想要个这东西啊""要是自己也有就好了"，这种感觉逐渐变成了"要是我也有这个的话，那得多轻松呀"，最后居然变成了"必须得有这个，没有的话肯定会出问题"。也就是说，从开始的一点羡慕情绪，逐渐开始想它的实际好处，最后只觉得非它不可了。

2. 父母干涉太多会损伤亲子关系

即使父母把自己的怒气收敛起来，表面和和气气地对待孩子，孩子依然会敏锐地察觉到父母的心机。而且，这种"笑面虎"的样子很可能会给孩子以后产生"报复心"埋下火种。

就像小时候，我们的父母强压怒火跟我们相处时，我们难道不也是敏锐地察觉到一种莫名其妙的危机感和不安感吗？

父母宁愿牺牲自己，也要成全孩子，这种"舍己为人"有时候会变质成"过度干涉"。

过度干涉也是一种"索要回报"——"我这么努力地付出，孩子得给我拿出成绩"。

有时，连父母本人都没有意识到这个事实，他们还是想让孩子变成他们眼中的理想孩子。

这种"宁愿牺牲自己，也要成全孩子"的观念，很可能让父母和孩子之间相互折磨，相互伤害，造成很大的悲剧。

在这种环境下长大的孩子即便成家立业，也根本不会感恩，甚至还会对父母恶语相向。

也有的孩子受不了父母的过度干涉和过度期待，甚至走向了歪门邪道。

还有的孩子自责无法满足父母的期待，找不到真正的心灵安息之所，逐渐丧失自信心，变成了"家里蹲"。

3. 承认自身对孩子抱有"自我主义"

你说:"我十分爱我的孩子。"

的确如此。除了极个别人以外,没有人不爱自己的孩子。

更别说能够拿到本书,翻到此处的你,你对孩子的爱是毋庸置疑的。

但是,我的脑海中闪过一句话:"父母的期待会伤到孩子。"

父母全心全意地把所有爱都给了孩子,这种爱是无偿的,不求回报的。

但是,很多时候,这种无偿的爱在无意识中就变成了一种执念——"孩子理所当然得听父母的话""孩子必须按父母说的去做"——父母把自己的价值观强加到孩子头上,甚至把孩子当作谋求社会地位的工具。

直白一点说,这种观念的轴心正是父母"渴望孩子上名校,进好公司,获得社会认可"的价值观。

作为一个普通人,我们不能要求自己"摒除一切自我主义",变成非现实性的禁欲主义者。但是,父母首先要承认自己对孩子有"自我主义",在日常生活中实践对人、事、物的断舍离,这才算是现实可行的妥帖方法。

4. 点燃不良循环的导火索

无论从孩子自立这一点看，还是从未来社会所要求的思考力培养上看，过度干涉孩子都是有百害而无一利的。

断舍离作为一种反省人生的思维方法，让我们直面并改善自己与身边事物的关系。但很多时候人们在面对这些关系时会觉得，"这个东西我以后可能用得到""虽然我现在不用，但保不准以后可能会用"，或者是"丢了会失去美好的回忆""这来自一个重要的人，不能扔"。

你可能已经意识到，这种想法并不是以"现在的自己"为轴心的，而是以"过去或将来的自己"或"他人"为轴心来思考、选择和判断的。

再进一步说，这些想法其实来自"对将来的焦虑与恐惧"或是"对过去的执念"。

从努力超越过去和对未来满怀希望这一健全的人生态

度来看,有这种想法的人还需要很长时间的修行。

最重要的是现在的你究竟想怎么做,也就是说,以"自我轴"来思考、选择和判断。在这个过程中,自主性是关键。

断舍离让我们重新审视自己与人、事、物的关系。在这一过程中,如果处处为他人考虑,宁愿压抑自己真实的内心,也不想被人说坏话,那你不仅无法掌握自主与独立性,甚至不久就会损耗自己的精气神。

父母表面上提醒自己"没把孩子送进名校,孩子失望难过可怎么办",实则是按"自我轴"的标准,本质上还是出于焦虑和执念,才强行把孩子押到书桌旁。但是,如果孩子察觉到这一点,就会点燃不良循环的导火索。因此,父母尤其要注意这种"自我主义"的副作用。

5. 孩子不是父母的附属品

如果父母不能抛开"对未来的焦虑"和"对过去的执念",不能真诚地和孩子相处,那么亲子关系一定会在某些地方开始出现扭曲和裂缝。

父母最好能够针对亲子关系做"对事对人"的断舍离,要坚决告别那些不健全的"不需要、不适合、不舒服"的关系,而让彼此建立一种"需要的、适合的、舒服的",能不断地改善和提高的良好关系。

有关处理亲子关系的具体方法本书会在之后的章节详细阐释。但其本质上依然是作为父母的你为了从内心深处接纳孩子的自主性,要正视自己"对孩子控制的欲望",摆脱控制孩子的执念。

你可能觉得自己根本做不到,但是请放心,与物品的断舍离一样,对人和事的断舍离也有非常具体的、可以付诸实践的方法。

举个极端的反例，"离开孩子""不把孩子当亲生的看待"，这些其实是让你的孩子深深感知到你对他的关心关爱的最快方法。

为此，你也许要跟孩子唇枪舌剑，正面对战了。

如果不这么做，等你老了，原本想着好不容易把孩子养大了，却可能被孩子埋怨以前没有好好听他说话。与其这样，倒不如一开始就干脆与孩子多多"决斗"，在"决斗"中多了解彼此的性格和感受，这样反而不会等到老年时那么后悔，伤口也不会很深。

6. 建立真正的亲子关系，开端是"发脾气"

你向自己的父母表达愤怒，你与自己的孩子正面对抗，既是为了自己，也是为了孩子。

如果你总是想发脾气，却努力压抑住自己，努力扮演好"和谐家庭一分子"的角色，那么，你的家庭氛围并没有形成一种真正能培养思考力的环境基础。

可能说得有点极端，我认为真正称得上子女教育的，要从孩子恶狠狠地对父母发脾气的时候开始。

孩子以发脾气的方式开始打破生他养他的父母的"权威"，开启了自己的人生。接着，在与父母以外的人的关系性中寻找自我的存在，决定自我的归宿。

自我的归宿并非一开始就有的，而是需要自己来建造的。

在建造自我归宿的过程中，孩子会遇见为他们的人生指引方向的犹如"再生父母"和精神导师的贵人。

孩子会在人生的种种际遇中找到属于自己的真正的幸福，那时候他才会真正从心底感恩生他养他的父母。

7. 从容自在地向前走

当我们能抛开"我是他爹妈,他得听我的"的自我主义,带着"放孩子自由""把孩子当个外人"的视角与孩子相处时,我们会发现自己也在真正地帮助孩子培养他的思考力和收获幸福人生的能力。

"父母只是把孩子带到这个世界上""孩子必须与除父母以外的人来往沟通才能培养自己的精神气质""父母要接受孩子去寻找第二父母",这些新颖的子女教育视角能让孩子在将来真正感恩生他养他的父母。

因此,我们要负起养育孩子的责任,但是要抛掉"我生的就得听我的"这种自我主义。

道理很简单,一上手就发愁。

说实话,在这一点上,我自己都没有自信能做到何种地步,不敢妄言自己已经达到一定阶段。

但是我觉得，如果你能想想"我要摆脱父母为大的自我主义""培养孩子的不是只有我自己，越是这么想孩子就越能独立成长"，你就会觉得轻松了不少，也会形成一种良性循环。

另外，越想当个好父母的人就越容易过度干涉孩子。轻松自在、从容淡定地去走育娃之路，难道不是更好吗？

第6章 考得好的孩子本质上是"有创意的孩子"

和孩子一起
断舍离

1. 迎接考试和断舍离都可以从家庭内部着手

断舍离针对的不仅是物品，还包括人和事，是正视和审视自己与人、事、物间的关系的人生整理术。

断舍离不以过去和未来的自己或他人为轴心，始终都是以"此时、此地、我自己"为轴心，正视自己与人、事、物的关系，以现在的"自我轴"进行思考、选择和判断，去除不需要、不适合、不舒服的事物。

经过断舍离后，你的空间、内心和思维都不再拥堵不堪，而变得舒适畅通，工作和生活都变得愉悦充实起来。

在上一章，我们谈到除了考试以外，非常关键的是重新审视最根本的亲子关系，才能让孩子在整个人生过程中掌握未来社会愈加重视的思考力。

提到亲子关系的问题，可能有人会觉得比较迷茫，不知从何下手。有的人虽说已鼓起勇气去面对，却发现在这个过程中，我们容易情绪化。

也可以与自己的父母或孩子（人、事）正面交锋。如果感觉不合适，不妨先从家里的物品着手。

这里先问个问题，你觉得什么叫"有自在感的空间"？

不同的人对空间的自在感的理解可能不一样。

有人想到的是柔和的阳光从窗外洒满屋子的西式房间，也有人想到的是宁静伫立的和式房间。

可以说，大部分人听到"有自在感的空间"时，脑海中浮现的是一个无论是物质上还是精神上都很从容自由的人居住的有格调的房间。

2. 有自在感的家，显眼位置没有垃圾桶

可能有人反驳说"经济富裕的人，家里面积肯定比较大，所以能放很多东西"。

但即便是排除这些人，越是经济条件和精神条件富足，越有自在感的人的家，就越是没有什么杂物，越让人感觉清爽舒畅。反过来说，越是经济和精神都贫乏的、越没有自在感的人，居住的家就越杂乱不堪。相信不只是我一个人有这种印象。

从我的实际体验看也是如此。有钱人居住的府邸一般很少能看见什么垃圾桶。

当然，他们家里肯定是有垃圾桶的，但是都不会放在显眼位置。

把垃圾桶放在看不见的位置，这其实只是简单举个例子。我想说的是从放垃圾桶这一点来看，可以说精神上和

经济上有自在感的人对生活空间具有一种爱惜意识。

反过来说,那些经济和精神上都贫乏的人,很多时候会把房间堆得满满当当的,甚至让人绞尽脑汁去找垃圾桶。

3. 杂乱的书桌代表杂乱的思维

以前我曾帮忙做断舍离实践的几位客户中，有一位是自称"倒霉蛋"的职业相声演员。

我拜访过他的家，一进门就发现屋子里摆满了各种杂物，连下脚的地方都没有了，几乎分不清什么是垃圾、什么是宝贝了。

即使再怎么想美言几句，那种房间也根本没有一丝一毫值得人欣赏的地方，没有一点审美价值。

在整理房间的过程中，我们随便闲聊了几句。我问道："你们常说的'有趣的相声里有，没趣的相声里没有的东西'究竟是什么？"

他立刻接话："那就是'空间'与'品位'。"话音没落，他自个儿就先笑出声来了。

因为，他嘴上说"空间"与"品位"很重要，可他自己的房间简直是没有任何"空间"与"品位"的。

　　这位相声演员第一次从全局的视角领悟到了这一点，才意识到自己在精神上是多么贫乏。

　　虽然不能说绝对如此，但是那些自我没有自在感的人基本上都是不怎么梳理思维的人。也就是说，很多时候把书桌搞得乱七八糟的孩子，他的脑子也是乱七八糟的。

　　大人也不例外，办公桌上东西摆得乱七八糟的人，大部分脑袋都是迷糊不清的，很难有效规划和推进工作。

　　即便是平日里把书桌收拾得整整齐齐的人，一旦忙起来，书桌就变得杂乱不堪了，那么他这时候也会感到有压力，也很难理清脑袋中的思路了。

4. 有自在感的空间也能提升孩子的自我形象

通畅自在的空间能吸引新事物，也有提高感受性的效果。

同样一款大牌包包，一个摆在有通畅自在空间的高级时装店的中央位置，一个随意放在商品繁多混杂的折扣店内，显然两者带给顾客的感受性价值有着天渊之别。

同理，在自己家里，如果每一件东西都能被好好收拾，好好摆放在通畅自在的空间里，那么，每一件东西都会自带朝气，有鲜活感。

在一个各种东西被精心爱护的空间里生活，人的心灵也会逐渐丰盈起来，思维的宽度和广度也会得到拓展。

这种空间向孩子的自尊传达一种讯息："我的每一样东西都被精心爱护着，作为所有者的我也被精心爱护着。"因此，这有助于提升孩子的自我形象。

当父母指着堆放着饭后的空盘子、空方便面桶、杂志、化妆品、晾晒的衣物等等杂物的桌子，命令孩子去学习时，孩子并不觉得自己是被呵护的，被善待的。

想要保持心情的舒畅和思维的流畅就要有爱惜空间的意识。

有了这种意识，孩子才能充分发挥思考力，不断地积累其背后的创意和创新点，让经济的富足和考试的成功也能顺势降临。

根本无须用风水或气运等玄学来解释，相信有很多获得丰裕物质和精神成果的人已经深刻感受到了空间的通畅和自在所带来的压倒性的力量。

5. 亲子共同锻炼思维、感觉和感受性

一听说要创造出富余的、有自在感的空间，有的人立刻打起了退堂鼓："我家面积小，根本做不到什么空间富余。"

但是，如果你能认真对待每一样东西，就很清楚面积小其实是个借口。

让自己去感觉这个东西是否真的让现在的自己舒服，让自己判断这个东西现在的自己是否真的需要。如果有些东西对现在的自己没什么价值，那完全可以放手告别了，也就腾出来一处意外的空间了。

而且，父母和孩子在这一连串的断舍离过程中，也可以磨炼自己的思维、感觉和感受性。

- 是否需要？判断是否需要可以锻炼思考力。
- 是否适合？选择是否适合自己，可以让感觉更敏锐。

● 用起来是否舒服？是否感觉舒服可以磨炼感受性。

　　正视身边的事物，珍惜所处的空间，这个实践过程会带来意想不到的积极效果。

　　在锻炼思维、感觉和感受性的同时，空间也会变得通畅和自在起来。而这种空间正是培养思考力的最佳环境。断舍离恰恰让这个过程形成了一个良性循环。

6. 应考中活用扩大空间、延长时间的方法

在断舍离的过程中，可能你会判断失误，后悔自己不该扔掉某个东西，但其实这个过程也是一个积累经验值的过程。

因为，比起后悔，更糟糕的是因为害怕判断错误而不去处理任何杂物，长此以往，自己的思维、感觉和感受性都变得愈加迟钝，甚至萎缩下去。

我们扔掉的东西是有形的，占有一定的空间，但是清理物品后获得的俯瞰全局的力量、思维、感觉和感受性却是无形的，因此，我们很难立刻判断自己失去了什么，收获了什么。

但是，我们可以重新想想身边那些有着富裕的经济和精神生活的人，就会明显地发现他们已经具备了俯瞰整个空间的力量、思维、感觉和感受性。

很多时候，人们虽然手边有东西，却很少愿意去认真学习如何活用。

我们每天不假思索地去买东西，理所当然地要为这些东西找空间放置。但如果我们不知道如何活用这些东西、这些空间，那确实有点暴殄天物了。从某种意义上来说，这也算是人生体验过程中的一大不幸。

就如何"增加"身边物品的方法，我们已经学了不少，甚至可以说学得过多了。

今后，我们应该逐步地，不，应该是更迅速地学习如何去扩大空间，延长时间。

利用这些方法去磨炼亲子彼此的思维、感觉和感受性，甚至去应对未来的考试大改革。

第7章 没有亲子合作，哪来考试成功？

和孩子一起
断舍离

1. 高学历看起来很光鲜

"照这么来看,富余的空间可能有积极效果,不过这种效果到底有多大呢?"

也许你会质疑断舍离的效果,这也是不难理解的。因为本书的主题是培养孩子,提升学习能力。"我只想让孩子考个好学校,为什么非要我收拾房间呢?这听起来有点偏题了。"

但是,正如前几章多次提到的那样,从2020年开始旧高考将被废止,新高考考查的能力不再是"记忆力",而是"思考力",因此,以前用于对付旧高考的小技巧、小策略是很难应对新高考的。

即使对2020年以前依然参加旧高考的孩子来说,思考力也会成为其以后人生路上的有力武器。

为了孩子以后不被人揶揄"光有个漂亮的高学历,连个人的主见和想法都没有",我们必须从现在开始锻炼他的思考力。

其实,培养孩子思考力的最大的拦路虎不是别的,正是孩子的父母,是与孩子相处的老师和其他大人。

大人只凭过往经验就认定孩子应该做什么,不应该做什么,这种"建议"不仅没有什么效果,甚至还会起反作用。有些不会用电脑的人还要求孩子做计算题用心算。这种事可能也会发生在自家孩子的身上。

虽然断舍离看起来"离题万里",但是如果能在日常生活中一步一个脚印地掌握思考力,那么不仅孩子会受益,就连父母也会逐步改变其固有观念,实现亲子共赢。因此,我非常推荐大家在生活中去实践断舍离。

2. 儿子讨厌父亲的缘由

下面是某个家庭的小故事。

这个家里的儿子非常讨厌自己的父亲。但是连他本人都说不上来为什么自己这么讨厌父亲,反正就是一提到、一看到父亲,他就心生厌烦。

原因是他的母亲常常唠叨他的父亲。只要他的耳朵闲下来,就能听到母亲唠叨父亲的坏话,他从一开始就很难喜爱上父亲,父子关系很糟糕。

我在帮助他家做断舍离的过程中,参观了他家二楼的房间,着实吓了我一大跳。

房间里面堆满了明显完全用不着的杂物,这些杂物一看也不属于他们自己。

我开口问了问这些东西是谁的。旁边的母亲面露难色,支支吾吾。

"这些东西是姥爷姥姥生前的东西,虽说心里知道这些东西没人用得上,但是总是扔也扔不掉……"

断舍离原则上认为由物品的所有者来决定其物品该不该扔掉,但是已经过世的人的物品的去留肯定应该由活着的人来做决定。

后来,这个家以断舍离为契机,由母亲做主导,清理了老人生前的物品。

曾经占满二楼空间的杂物被一扫而空了。

3. 各种杂物控制着人的自尊自信

再后来,这个家里开始出现不可思议的变化。

以前总是一副萎靡模样的父亲开始变得有精气神了。

母亲还告诉我,现在父亲和儿子的关系一天天地好起来,儿子学习起来也比以前更投入,更有热情了。

我后来才得知那位父亲是被收养的。以前岳父岳母还在世的时候,总是把持着家政大权,这位父亲说话也没有什么分量,也没有什么被视为一家之主的自尊心,这种愤愤不平一直压抑在心头。

"自己的家自己想做主,但是没有主导权……"

也就是说,这位父亲没有"自我轴",凡事不得不按着"岳父岳母的轴心"来思考、选择和判断。他做任何事之前都得想想"岳父岳母会怎么想""不想被岳父岳母责怪"。

这种不得不以他人为轴心来做判断的情况日复一日，这位父亲就逐渐失去了自信心，更阻碍着自尊心的发展。

　　就这样，不知过了多少年，这位父亲一直找不到自己在家里的位置，妻儿自然对他的状态非常不满，亲子关系愈加糟糕了。

　　造成家庭不和的岳父岳母的过世为家里氛围的变化提供了契机，但是这种沉疴并不是能轻易解决的。

　　虽然岳父岳母已经不在了，但是盘踞在二楼的大量遗物犹如怨念一般，依然裹挟着父亲，压得他喘不过气来。

4. 很多事物打着"过往证物"的幌子霸占着空间

前面提到的那个家里,过世者的遗物在很长一段时期不断地腐蚀和扭曲着家庭关系。很多时候,物品是其所有者的"地盘标志物",即使所有者去世,这些物品还在继续划分着它们的"势力范围"。这不禁让人有点起鸡皮疙瘩。

在活着的人中这种情况也时有发生。

因为一些物品的存在,本应如曲线般柔和变化的人际关系开始扭曲,甚至朝着更糟糕的方向发展,连人的本心也遭到污染。

我们大人常常会很小心地保存着自家孩子小时候的东西做纪念。这些旧东西代表着美好的回忆。只要大人没有因为这些旧东西而改变对孩子的态度,那保留下来就完全没问题。

但大人如果一看见这些旧东西，马上就会觉得"小时候的他真可爱，现在却大不如前了……"，或者是"自从开始用这个东西，这孩子就让人劳心费神的"。换句话说，这些旧东西变成了父母夸大过往的导火索，也变成了父母安于现状的替罪羊。

一些物品打着"过往证物"的幌子，霸占着空间，否定了本身的特质，扭曲了本该自然而然出现的变化，这其实是非常遗憾、非常残酷的。

5. "悲哀的证物"和"扼杀萌芽的证物"

父母想着将来孩子能用得上就一直留着以前的旧东西，可能从某种角度来看，这是父母对孩子无微不至的爱。但很多时候，这些旧东西太过"霸道"，以至于大人忍不住"逼着孩子必须用这个东西"。如果是这样，那么显然这个旧东西已经变质了，变成父母单方面去决定孩子的成长方向，这样很有可能扼杀孩子可能性的萌芽。

换句话说，"未雨绸缪，防患未然"的打算确实不错，但是我们要避免为"绸缪"本身发愁。

我所接触到的家庭里亲子的良好关系因为各种杂物，建立起来困难重重。

有的父母还保留着孩子小时候的衣物，可能在无意识中把自己和孩子的关系封固在孩子牙牙学语的阶段。

有的父母还珍藏着孩子小时候的成绩单，也可能在无意识中试图向孩子和自己诉说自己的重要性。

还有的父母为了让孩子继承自己的衣钵，实现自己的夙愿，把自己的兴趣爱好强加到孩子头上，却忽略了孩子真正的潜能。

我见过很多类似的情况。

可怜天下父母心，每个父母都盼着自己的孩子成龙成凤，每个父母都放心不下尚年幼的孩子。

以前的东西让人怀念过去的时光，也让人畅想孩子的未来，确实也有很多好的方面。

但是，某些"过度存在"的东西会变成"悲哀的证物"或是"扼杀萌芽的证物"，很可能会磨灭孩子原本的潜能，打击他原有的积极性。这一点是我们需要尤为注意的。

6. 接纳孩子的变化

人只要活着，就会发展变化。

不仅是肉体，还有智能、精神，都在一刻不停地变化。

人是不断变化的，因此人与人之间的关系也是不断变化的。

同样，亲子关系也在不断变化着，不管我们愿不愿意。如果父母按照自己的想法，单方面去决定孩子未来要走的路，一定会给彼此的关系带来阻碍，甚至带来嫌隙与隔阂。

可能听起来很有道理，再看看自己的实际生活，确实有很多不如人所愿。

父母心中多少有点侥幸地希望孩子充分发挥自己的能力，考取名校，却丝毫不审视自己和孩子的关系。

变化是牵一发而动全身的。

改变局部，会影响全局。改变全局，就必须从改变局部开始。

如果你只想让孩子保留你希望保留的局部，想让孩子改变你希望改变的局部，只会遭到孩子的拒绝和排斥，其中，有些孩子是用"不学习"来表达反抗的。

因此，父母要主动去接受孩子的变化，带着愉快的心情期待着自身的变化，这才是赢得孩子信任的捷径。

第8章　实践亲子断舍离！

和孩子一起
断舍离

1. 简单得有点让人扫兴的第一步

收拾好外部空间和心灵空间，提高思维、感觉和感受性，培养思考力，赢得考试——这种方法听起来显然有点太过理想，太过乐观了。

再加上没有什么难度，也不需要花钱，只须正确地对待和收拾整理家里的人、事、物就够了，这么容易的方法换作谁都会很惊讶。

想象一下理想中的自己的状态是比较简单的。

我们每个人都有过奢望，比如说"我要再瘦6斤""我要达到1000万日元的年收入""我想遇见理想的恋人"等等，但是很多人很难朝着这些小目标迈出第一步。很多时候是因为不知道从哪里着手。

我们能简单想象自己"赢得考试""掌握思考力"，可是在面对"如何迈出第一步"的问题时，我们受到让人眼花缭乱的诱惑性选项的影响，完全不知道该怎么办。

在这一点上，断舍离教给我们"应该正视眼前的东西，判断这件东西对现在的自己如果是不需要的、不适合的、不舒服的，那么就扔掉"，这恰恰是轻而易举能做到的第一步。

有关它的效果也不用我再做过多解释了，我们可以从抽屉里的一支圆珠笔、衣橱深处的一件衣服开始迈出自己的第一步。

本章将进一步深入介绍亲子具体实践的方法，也就是"亲子共同聊聊自身与物品的关系"。

2. 用"玩游戏"的心态来磨炼亲子间的相互理解

假如孩子一直保留着一些读过好几遍的旧漫画杂志、一些已经损坏的玩具等等,这让你很惊讶:"这孩子怎么还珍藏着这种破烂儿呢?"

那么你不妨从这些东西里面挑一件,直率地问问孩子:"这个东西对你到底有什么意义和价值呢?"

当然,父母单方面地抛出问题,无法形成独立个体之间的相互理解,因此父母也可以让孩子选一件父母保留的旧东西,让孩子也抛出一个问题。

这种情况需要我们遵守三个原则:
- 不能情绪化;
- 尊重孩子的意见,不强推父母的主张;
- "扔不扔"完全由东西的所有者——孩子来做判断。

父母和孩子相互谈论自己的所有物，同时能了解彼此的价值观和观点。

从孩子的角度来看，自己珍惜的东西得到父母的认可，也相当于自己受到了父母的认可，这有助于培养孩子的自尊心。

当孩子谈论自己的东西时，父母并不是必须沉默，不能提意见。如果父母觉得自己依然没理解到这个东西的价值，那直接询问孩子就可以，甚至可以直接告诉孩子自己觉得这个东西没必要留着。

3. 孩子有自己的价值观和主张

遵守前面的三个原则很重要。否则不但不会促进亲子间的相互理解，反而让彼此相互指责和争辩，弄得两败俱伤。

我说一件我自己的事情，听起来有点耸人听闻，但这是我的亲身经历。曾经因为破坏了那三个原则，我与儿子的关系简直就是千疮百孔，伤痕累累。

那时儿子正上初二，有一天，我问也没问，就把他房间里堆的漫画杂志都清理掉了。

在我看来，那堆杂志跟垃圾没什么两样，又占地方又碍眼，完全没有价值。

我原本想着儿子看见清理掉杂志的房间干干净净的，会高兴得不得了，没想到会出现糟糕的结果。这次意外事件让我和儿子之间的关系出现了裂痕。

我把自己的价值观和主张强加到孩子头上，全盘否定了孩子的价值观和意见。

自那以后,以前总是向我敞开心扉的儿子就再也没仔细听我讲过话,也再也没向我开过口了。

虽然也有"初二尤是叛逆期"的因素,但毫无疑问我擅自扔掉他的漫画杂志成了我们关系出现裂痕的导火索。

他有他自己的价值观和主张,与我的价值观和主张不一样,决定他言行举止的是他的价值观,而不是我的价值观。

现如今,我是彻底理解儿子的反应了,当时的自己却丝毫没有察觉,违背那三个原则给了我一次沉痛的教训。

4. 不感兴趣的东西就会觉得无价值

后来过了好些年，等儿子大学毕业之后，有段时间他和我之间发生了激烈的冲突。

那天，我朝他埋怨了一句："你是不是不听我的话了?!"这句话把他心里的火气点着了，他猛然反驳道："你不也只会把自己的价值观强加到我头上，也根本没听我的话吗！"

他说这句话肯定有我以前自作主张扔掉他的漫画杂志的原因。擅自清理孩子的东西很可能会像我一样过了很多年都后悔不已。

让第三方介入去评价所有者与所有物之间的关系是毫无意义的。

比如说，一个对马拉松完全不感兴趣的人会认为"为什么有人会去参加这种又累又苦的比赛呢？简直无法理解，可能会有害健康呢"，对戏剧没兴趣的人也会认为

"花大钱去看个舞台表演,还不如回家看电视呢"。

把自己不感兴趣的人或事物下意识地判定为无价值,这是人的本性。

不把自己的价值观和主张强加于他人,不随意埋怨责怪他人,有一颗尊重他人的心很重要。因此,我们不应擅自处理孩子的东西,应该允许孩子直率地对父母的东西提提意见。

父母和孩子之间可以设置前面提到的那三个原则,相互理解彼此的观念差异,从彼此身上学习不同的价值观和意见,从而加深亲子关系,同时也有助于孩子思考力的提升。

5. 表达自我意见，但不强加于他人

即使是自己亲生的，也要知道孩子和自己是不同的个体，这是处理亲子关系的大前提。

虽说父母清楚"孩子是孩子，父母是父母"，但是，在实际生活中，真正从内心把孩子当作社会中的独立个体这一点是很难做到的，标准是非常高的。

父母把孩子当作独立个体，尊重认可孩子，并明确表达自己的意见。接受孩子对所有物的主张和想法，父母也可以提出自己的意见。也就是说，既要尊重孩子的主张，也要直接表达父母自己的意见。

不过，如果父母只是"孩子说什么，自己亦说什么"，或是把孩子的东西都保留下来的话，从本质上讲也没有做到尊重孩子。

因为，父母自己明明觉得孩子的某些东西给家里带来了不便，却依然不把实际情况告诉孩子，这其实就是

撒谎。

表达自我意见，但不强加于他人。同样，父母也要仔细听听孩子提出的意见，但是最终决定权在父母，彼此之间在相互理解中进行沟通对话。

这种形式的对话如果变成日常习惯，无论对孩子还是对父母都有积极的影响。父母和孩子彼此扶持，朝着一个共同的，哪怕是不起眼的目标出发，彼此从"控制和被控制""养育监护与被养育监护"的关系逐步转变为"相互理解，同甘共苦"的关系。

在这个过程中，孩子的自尊心获得提升，同时，思考力也会得到锻炼，逐步形成一个良性循环。

第9章 父母亲自实践才能熏陶孩子

和孩子一起
断舍离

1. 摆脱加拉帕戈斯综合征[①]

借本章内容,我想和大家一起谈论如何把孩子培养成一个具有优良品行的人。

赢得考试确实很重要,但是更重要的是赢得整个人生。我们一起来探讨哪些东西是赢得多彩人生的必备条件。

海外很多国家在几十年前就已经开始实践让孩子"掌握思考力,具备自我主见"的教育理念了。

[①] 加拉帕戈斯综合征也称加拉帕戈斯现象、加拉帕戈斯化,指在孤立的市场环境下,独自进行"最适化"演变,从而丧失与外界的互换性,当面对来自外部的适应性和生存能力都很强的物种时,毫无竞争力,最终陷入被淘汰的危险的现象。日本制造业是典型的例子。加拉帕戈斯综合征的名称来源于距离南美大陆约1000公里的太平洋火山群岛——加拉帕戈斯群岛。该群岛上的动植物由于远离大陆,以自己固有的特色进行繁衍,所有物种的进化发展都依靠岛内的资源,适应岛上的环境,从而进化出一套自己的生态系统。这些动植物如果被放在别的海岛或者大陆上的话,不到一个月就会灭绝。

据称，目前依然以"记忆力"为主要考查对象的高考体系也只存在于日本和韩国两个国家了。

因为，日本市场在以大量生产和大量消费的护送船团模式①的社会经济体制下，主要是以培养适应该经济体制的劳动力人才为着眼点的，因此在思考力的教育上有滞后的倾向。

也许有这一因素的影响，很多以前接受海外教育的孩子回到日本后很难真正融入学校，总被指责"没有合作协调能力""总爱出风头"。

接受海外教育的孩子无法适应日本的教育，反过来，接受日本教育的孩子走向国际社会后，又轮到他们无法适

---

① 护送船团模式（convoy system）指的是日本政府为避免过度竞争，保护和支持特定产业（尤其是竞争力不强的中小企业），而制定的有助于发展产业的政策。

应国际环境了，这种令人哭笑不得的剧情时常在今天的日本社会上演。

像东京大学、京都大学等日本顶级名校的国际口碑也逐渐下滑。

这与加拉帕戈斯群岛内部完成独立进化的生物一样。为了适应某个特定的国家或地区的环境而形成的某种必要能力一旦面临更广阔的外部世界时，只会沦为某种特别的东西罢了。

2. 尊重自我才是万事原点

那么，摆脱"加拉帕戈斯式教育"的缺陷，成为一个有思考力，广受需求的人才，到底需要什么样的素质条件呢？

要回答这个问题就必须用到断舍离中的"自我轴"去思考、选择和判断。

独立思考、选择和判断，然后自己对结果负责。

最根本的必备条件就是自己要有自信心，要有自尊心。

自己能真正接纳和认可自己，这是一切学习能力原点中的原点，也是生之活力得以长存的心灵应有状态。

一个人如果没有自尊心，即便是自己独立思考、独立判断的事，也无法信心十足地付诸实践，即使原本应该顺利完成的工作也会因为没有自信心而面临失败的风险。

一个人如果总是觉得"我的存在本身就是个错误"

"我的想法很失败，行动也很失败"，总是处于自我否定的状态，那么他也不会独立思考、选择和判断，也不会对结果负责任。

一旦这种自我否定的状态成为常态，很快就会被别人牵着鼻子走，随声附和，人云亦云，在不知不觉间成了别人生活中的陪衬，走上悲哀的人生之路。

3. 首先父母要有自尊心

一个人没有自尊心的话，凡事都不是以自我为轴心，而是以他人为轴心来做判断的。

因此，一旦失败，就能顺理成章地把责任一股脑儿地全推到他人身上，戴上受害人的帽子去逃避责任。

即使侥幸成功，也不会有十二分的充实感，毕竟是以他人为轴心做的决定。常常以他人为轴心做决断的人会很落寞、空虚，很难活出自己的人生。

那么，如何让孩子保持健全的自尊心呢？其实主要是"孩子的父母和他周围的人要怀有自尊心"。

如果一个本身总是把房间搞得乱七八糟的人突然要求你"赶快收拾房间！"，想必你也不会听进去。

同样，没人愿意请一个没开过车的人教自己开车，也没有人愿意听一个没做过菜的人对烹饪方法高谈阔论。

因此，一个没有自尊心、牢骚不断的大人说"你要自信地走下去"，这种话对孩子没有任何说服力。一个毫无主见，总是被别人牵着鼻子走的大人教孩子"你要用自己的脑子思考"，孩子也只会置若罔闻。

4."长大成人很美好"的教育理念

诚然，没有人会有百分百完美的自尊心，没有人能随心所欲地生活。

我并不是这个意思。

作为父母，能给予担负未来时代重任的孩子的最好礼物便是，向孩子展现遇到不如意的事时，要靠自己的头脑思考、感受、判断如何行动的姿态。

如果孩子能够从自己最亲近的人身上感受到"原来长大成人也很美好"，这一定称得上最佳教育法。

如果你也在公司上过班，被一位不受员工信任的领导说教"要独立思考""要更加自信"，你可能立即就有了排斥心理。

反过来，当一个你信任的人建议你可以试试时，你可能会自然而然地鼓起勇气。

其实，孩子要比大人更渴望从"成人"的存在中找到值得自己效仿的形象。当然了，成人也会因为时运不济而灰心丧气，这也是情有可原的。

但是，人生本就有各种各样的波折，有时候让孩子看看大人受挫的样子也不失为一种宝贵的"失败教育"。

因为，大多时候人们会因为恐惧失败而无法迈出第一步。日语中有句谚语叫作"不焚沉香，不放屁"，这里的"沉香"是指散发香气的树木。

这句谚语的意思是一个东西既不能散发迷人的香气，也不能放臭屁，比喻一个可有可无的极为平庸的事物。

这句谚语是嘲讽一些从未付诸行动的人。大人不惧失败，积极乐观地思考问题的姿态也会助力孩子思考力的培养。

5. 让孩子感受父母的自尊心

一个珍惜自我价值观、有强烈自尊心的人也会尊重他人的价值观。

一个对他人价值观吹毛求疵的人很多时候也会遭人压迫或是自尊心受伤。他在心里的某个角落嘀咕"我也是忍耐着配合他人的价值观的，那么你也应该配合我的价值观"，在这种潜意识下，他无法真正做到尊重他人的价值观。

无论是大人还是孩子，都会遇到不得不有违自己意愿的状况。但一个真正具有自尊心的人，面对这种严重违背自己价值观的场合，都会鼓起勇气，摇摇手说"不！"。

大人的这份勇气和健全的人格也会赢得孩子的信任，给孩子带来积极的影响。

因此，最大的问题就是父母自己要通过断舍离，掌握以自我为轴心做思考、选择和判断的能力。

　　父母在日常生活中也可以好好地和孩子沟通，告诉孩子自己的思考、自己的观点，多多倾听孩子的意见，在相互尊重中，让孩子感受到大人的自尊心。

　　从这个意义上说，断舍离是亲子共同梳理人、事、物关系的最佳练习法。

第10章 应试和断舍离都离不开"具身性"

和孩子一起断舍离

1. 回归具身性 [①]

一说到"学习",我们往往会着眼于知识量和解答技巧的储备,但真正重要的是非常纯粹、非常原始的东西。

我们的过往经验也能说明同样的道理。

真正对人生有意义的学习并不是什么数学公式或历史年号,而是亲身感受到父母和老师展示的人生姿态。

在这一点上,我觉得有个与自尊心同样重要的问题,那就是"回归具身性"。

所谓应试学习虽然最终是伏案奋笔疾书,但其中,身体的平衡度是一个健全人格发展必不可少的因素。

这一点无论是从充足的睡眠、营养均衡的饮食角度,

[①] 具身性(embodiment)是指知觉、理智等精神现象与具体的身体密切相关,它们是基于身体、涉及身体的,人的认知以具体的身体结构和身体活动为基础。该词是认知科学的关键概念,在哲学、心理学、语言学、美学等多个学科领域都有应用。

还是从运动和亲身体验的学习角度，都是不能忽视的。

我相信不只是我一个人，看见小学生或初中生深夜从培训班回家，饥肠辘辘地拖着沉甸甸的书包，跑到附近的便利店，狼吞虎咽着刚买来的饭团、快餐的样子，我们在无奈的同时又总觉得有种莫名的异样感。

我们会觉得"没办法，毕竟这个年龄段的孩子都是以培训班的学习为先，只能大晚上吃快餐了""那些保持身心健康的漂亮话听听就够了，实际上是做不到的"。

另外，当一个人特别专注于某些事时，这段时期确实会发生不平衡的状况。

2. 获得健全的具身性

高考打的是持久战,人生更是持久战,长期忽略具身性会出现不良后果。

如果在高敏感的青春期忽视了具身性,即便考上了自己心中的理想名校,也极少碰到什么触动内心的事。有高学历的人反而整个精神状态给人一种不健康、死气沉沉、毫无朝气的印象。这简直就是本末倒置。

而且,具身性的欠缺也会阻碍学习能力的发展。

我们都知道慢性睡眠不足和营养缺失会造成学习效率显著下降,除此以外,具身性的缺乏也会带来诸多不良影响。

学习节奏感很关键,有张有弛才能带来良好的学习效果;肌肉力量也很重要,保持正确的学习姿势能维持长时间的专注力。

另外,反复短促呼吸会降低血氧饱和度,导致学习效果不佳，出现不良循环。

进一步讲，身体如果无法保持精力充沛，也会给人的精神带来负面作用。

断舍离的原点——瑜伽以及东方哲学中讲求"身心一如"，其指的是肉体和精神合二为一，乃一体之两面。一个身体精力充沛的人，他的心灵也是健全充盈的，这样的人能做到更加扎实的、更有效果的学习。

一个忽视具身性的人在不知不觉间精神也开始受到侵蚀，而这种不健全的精神也会将他的学习引向不正常的方向。

健全的具身性对于培养具备思考力和朝气蓬勃的孩子是不可或缺的。

3. 培养"节奏感"

那如何获得健全的具身性呢?

我来介绍有关具身性的三点问题,这是从我培养孩子的经历以及自身感受来看,很重要的三点本质问题。

那就是"节奏感""姿势""呼吸"。

提到"具身性",我们容易先想到体育竞技选手的那种跃动感。从回归原点的角度来看,我们应该着眼于每个人一直都在无意识中使用的"具身性"。

首先我们从"节奏感"开始。

这里的节奏感并不是指音乐家或职业舞者所必备的音乐节奏,而是植根于日常生活中的节奏感。

比如说,与人寒暄或对话过程中的"停顿"、在进行某项操作时的动作缓急的"拍子",或者是从休息模式进入学习模式的一种状态切换的"张弛",全部都是日常生活中一些简单易行的动作。

培养这种节奏感，可以从日常的简单小事着手。

如果孩子年纪还小，大人可以和孩子一起唱歌跳舞，一起敲敲打打地玩耍，这也会有很好的效果。和孩子进行简短对话，也能让他感受到会话中的适当"停顿"。

与大人相比，孩子更处于"抓节奏感"的旺盛期，所以只要大人不对孩子的节奏感造成什么损害，都会产生良好的效果。

这些日常小事能培养孩子的节奏感，也有助于孩子的学习，因此不必过多地斥责孩子浪费时间，督促他去学习，可以带着享受亲子时光的心情和孩子一起做做这些日常小事。

4. 摆正"姿势"

接下来说说"姿势"。

姿势可以有意识地去改善。站起来挺胸抬头就能让人改变心境。

据说某些有轻微抑郁症的患者如果挺胸抬头，望望斜上方，症状就会有所改善，可以说，姿势对大脑和心理的影响也比较大。

所谓的"姿势"基本上都属于"肌肉的习惯"——肌肉想保持最舒服的姿势。

但是这里的"舒服"分为"不使用肌肉力量也轻松"的舒服和"身心焕然一新"的舒服。

因为没有一定的肌肉力量很难保持正确的姿势，做一些适龄的基础性的肌肉锻炼会比较有效果。

孩子小时候可以爬爬树或登登攀爬架，带着半玩游戏的感觉做一些全身运动，有助于正确姿势的养成；长大以后可以将练习柔韧性的运动、有氧运动和肌肉增强运动这三种运动结合起来，既能享受运动的乐趣，也有助于保持健康姿势。

同样，对大人来说，练习瑜伽也能有效地唤醒身心，维持良好姿势，加深呼吸深度。

姿势的好坏与否本人是很难察觉的。因此，从一开始就要有意识地去端正和舒展身体。养成习惯后，自然会体会到"保持正确姿势会让自己心情舒畅"。

因此，一个喜欢驼背蜷躯的大人提醒孩子去注意姿势，肯定没有说服力。大人首先要做的就是端正自己的姿势，让孩子也能感受其效果。

5. 调整"呼吸"

最后就是呼吸。

同姿势调整一样,呼吸也可以有意识地去改善。

我们现在就可以让自己深呼吸一下,能立刻感受到深呼吸的效果。

睡前多做几次深呼吸,也有助于尽快入眠。

不过,更能提高效果的就是建立"一个让人下意识就想深呼吸的空间"。

这个空间就好比人身处视野开阔、风景宜人的大自然或山顶,放眼远眺,会自然而然地想要深呼吸。

身处景致开阔、空气清新的空间中,任何人的心灵和身体都会豁然开朗,都想要深吸一口气。

反过来讲,在一个狭小的、空气浑浊的空间里,人们根本不会深呼吸,甚至更愿意屏住呼吸。

因此,自己的家,自己的房间如果堆满了不需要的杂物,充满了浑浊不堪的空气,我们根本不愿去做深呼吸。

"下意识让人想深呼吸的空间"的建立可能难度比较大,但是我们至少可以让自己先摆脱那种"让人不愿意做深呼吸的空间"。

6. 房间流通着新鲜空气

我们做好房间的通风，晒好被褥，打扫灰尘，然后把不需要的杂物赶出房间。东西减少后，比起那些杂物，与你的生命更息息相关的新鲜空气就会一股脑儿地涌入房间。

对孩子来说，一个有新鲜空气流通的房间肯定远比一个闭塞的、通风不畅的房间好得多。

可能有人会立刻反驳："有些历史名人不就是在乱七八糟的环境里展现了天赋与才能吗？"万事都有例外，这些天才都是极个别人物。虽然有些人未受到环境制约而发挥出自身潜力，但绝没有人会因为"环境越糟糕，能力发挥越超常的"。

也许有些人曾在杂物满天的空间里发挥了自身的天赋，那么，他们如果到了整洁干净的环境里很可能会发挥更大的能力。

因此，我们首先要创造一个可以深呼吸的环境，让自己随时都能尽情地深呼吸。

"节奏感""姿势""呼吸"三个问题是人的具身性中尤为根源性的问题。

我们身体的节奏感源于心脏的跳动。保持姿势的肌肉力量保护着内脏器官，支撑着我们的日常动作。呼吸通过心肺功能来实现氧气的循环。

为了让掌管学习的大脑能够实现最佳的"输入"和"输出"，发挥最佳的思考力，健康健全的身体机能是首要条件。

我们万万不能忽视这些很容易被人抛到脑后的具身性的问题，也不能忘记"节奏感""姿势""呼吸"三个关键要素带来的综合性效果。

第11章 断舍离与生存力的锻炼

和孩子一起
断舍离

1. 富士山的孩子，珠穆朗玛峰的父母

读者如果把本书看作"应试用书"，多少会感到有些诧异。

当孩子面临高考时，我们要弄清楚"为什么我希望孩子考高分""我为何希望他考上那所学校"。

考上名校意味着孩子有更大的可能性拥有幸福的人生。考上名校能达成你的短期目标，但是从更广阔的视角纵向俯瞰孩子的一生，你会发现考不考得上名校其实是无关紧要的。

因为比起从名校毕业，孩子学会独立思考、选择和判断，积极主动地面对人生的各种境遇才是最重要的。

对父母和孩子来说，人生的第一件大事就是高考。不过，我觉得真正帮助孩子的父母应该从更大、更广的视角来看这个问题。

决心"一生一定要爬到富士山顶"的人，只要一直追逐这个梦想，就能达到目标。但是对那些决心"要站在珠穆朗玛峰峰顶"的人来说，踩在脚下的富士山只不过是迢迢路途上的一个小风景罢了。

赢得高考对漫长的人生之路来说，只是脚下的富士山而已。人生可以选择去攀登地球之巅——珠穆朗玛峰。

帮助孩子塑造健全的人格，培养独立敏锐的思考力，让孩子拥有坚强的内心，活出丰富多彩的人生。父母和孩子一起面对作为人生中的一个小节点的"高考"。

2. 用应考来收获更多自尊心

当孩子把高考当作一个通向最高目标途中的小节点时，他对学习的态度也会发生变化。

一个把写完作业当作目标的孩子与一个把考入名校当目标的孩子，两者对学习的态度是完全不同的。同理，把考入名校当目标的孩子与拥有更远大梦想和目标的孩子，他们的学习态度也是完全不同的。

学习态度的不同一定会导致学习效果和成绩的不同。好的学习态度更容易轻松赢得考试。在大学放榜之后，孩子也会有不同表现。

如果考上理想的大学，有的孩子觉得"已经完成了大目标下的一个小目标"，他自然是非常高兴的。而且，也不会出现什么"考上大学，斗志全无，开始躺平"的情况了。

高考是通往更远目标和更大梦想的路上的一个小节点，走过这个节点并没有走完整个过程。

当孩子赢得高考，获得极大的自尊心时，他更能发挥自身独立思考的能力了。

3. 即使考砸了……

即使高考成绩不尽如人意,也不会影响孩子心中未来的目标和远大的理想。

即使没被理想的大学录取,一时受到打击,孩子也明白这是人生中的一场经历,是一次教训。

这场经历并不会危及孩子人生的主干,只不过对某些枝枝叶叶有些损伤罢了。

过不了多久,他就会调整自己,告诉自己"我可以吸取这次考试的教训,更好地实现未来的目标和梦想",发挥自身的思考力,积极乐观地面对未来。

因此,父母和孩子一起实践断舍离,利用长期的备考学习来加深亲子关系是很重要的。

那些考前说"考上好学校才是大目标",考后却又说"考高分不是大目标"的父母,他们说话前后不一,出尔反尔,是无法和孩子建立信赖关系的。

高考不是目标而是起点，高考结束后孩子的教育和亲子关系仍将继续下去。

为了孩子能全力投入完成"考取理想大学"这一人生路上的小目标，在孩子身边默默守护的父母也需要为他"高考之后"的路做好准备。

4. 人为什么要学习?

2020年大学入学中心考试将被废止,新高考考查的大方向从"记忆力"转变为"思考力",未来的考题一定会有一些新变化。

也正因如此,通过断舍离,把握思考力的原点,脚踏实地地做好应试准备,就显得很重要。

除了一部分顶级名校外,目前,很多学校教育和应试学习都是对知识量的填鸭式教育。比如,当孩子问"人为什么要学习"时,很多大人会一时语塞,迫不得已用"为了考入名校,为了进入大公司"之类的话搪塞过去。

实际上,现在的孩子已经从大人的行为举止中隐隐约约地感觉到了"即使考入名校,进入大公司,也并不见得就一定会获得人生的幸福"。

我不是妄言目前的教育体制有问题。

而是觉得，接触到较多的深刻知识可以让我们有更多的选择项，即使这类知识并没有带来什么立竿见影的成绩，它们也依然能给予我们增强思维的能量，提升智慧的力量。

当孩子问起"人为什么要学习"时，所谓的"为了考入名校，为了进入大公司"这种符合主流价值观的答案已经没有什么意义了。

5. 不需要"答案","思考"才是关键

面对这个问题,父母给出唯一的答案已经毫无意义了。

我们把"人为什么要学习"这个问题再拓展一下,就成了"人为什么要劳动""人为什么要活下去",这些都是没有答案的问题。

父母不可能提前准备好这些问题的答案,孩子也不可能囫囵吞枣地真正接受。

因此,父母需要努力思考,抛出自己的意见,孩子也要开动脑筋,思考问题,亲子之间相互讨论,去寻找这些没有答案的问题的答案。

这种思考力基盘形成的支柱是父母树立起来的。

父母不是直接把唯一正解告诉孩子,而是作为一个比孩子经历过更多社会磨砺,比孩子接触过更高、更深层次

意义的人生长辈，做出一个认真对待问题、思考问题的榜样，认真面对孩子提出的疑问，陪伴孩子一起思考。

很多大人想找到更通俗易懂的答案教给孩子，不希望孩子看见自己迷糊慌乱的样子，但是在孩子看来，父母这种努力追寻"正确答案"的姿态是最真诚的教育方式。

6. 亲子是一起思考没有答案的问题的同志

孩子能敏锐地察觉出父母到底有多真诚、多用心。

他们并不想要什么直截了当的答案。他们想要的是能亲身感受到父母是多么认真地对待他们，对待他们提出的问题。

因此，大人不要把他们当孩子看，而应把他们当作共同追寻没有答案的问题的同志。

在这个过程中，父母和孩子才能逐步建立起更加丰富的、更加愉悦的、更加有效的关系。

有意识地从更高层次的、更长远的视角来思考问题。

虽然这些问题是无法找到标准答案的，但是在寻找答案的过程中，在父母和孩子一起思考的过程中，那些浅层次的、具体的、眼前的烦恼也会逐渐减少，最终烟消云散了。

比如说，自己上初一时，碰到数学问题总觉得一头雾水，找不到解题思路，但是上了初二，接触到更高层次的问题后，再来看初一的数学，就会发现，不知为何自己看一眼就能马上理解了。

父母不妨和孩子一起接触接触像"学习是什么""劳动是什么""家人是什么""自我能到什么程度""活着是什么，死又是什么"等等一些类似哲学性的深层次概念，在探索这些问题的答案的同时，亲子联手共同面对人生路上的"高考"这个小节点，这种父母和孩子合作共赢的关系才是孩子走好人生路的最坚实、最有力的基础。

终 章 **灵活应对人生路上的各种阻碍**

和孩子一起
断舍离

1. 为什么想让孩子上那所学校？

已经走到最终章了，我也绝非想往"提高学习能力，亲子共赢高考"这一主题上泼冷水。不过，这本书有幸来到你的面前，我还是想请你和我一起回到"原点"。

你究竟为什么想让孩子考取名校？为什么想让孩子去上那所大学呢？

原因前面也提到过，背后多多少少有父母的自我主义。

也包括面子、虚荣心。

但是，更深层次的原因是父母的期许——希望自己倾注满腔爱意的孩子能够昂首挺胸、自信满满地过上充实、鲜活的幸福人生。

那么我们可以返回原点中的原点，追问自己"我的孩子的幸福到底是什么"，还有，父母能送给孩子的"最大的幸福是什么"。

不同的性格、不同的家庭，都有不同的答案。

但是，我们仔细想想就会发现，"父母是无法把幸福本身送给孩子的"。

当然，父母可以为孩子的幸福做后盾，为孩子提供任何自己觉得好的东西。

但是，父母不可能为孩子提供幸福本身。

因为，孩子是孩子，是与大人不同的个体，只有他自己能决定什么对他来说是"幸福"的。

2. 让孩子拥有自己眼中的"需要、适合和舒服"

幼年时期的孩子是需要喂养的,大人必须在一旁看护。

但是,随着孩子的成长,他在一点点地、一步一步地走向独立,不再像以前一样那么依赖父母的支持和帮助了。

成长到一定阶段,孩子就会逐渐看清楚自己内心的目标,一点点地抛弃那些来自父母的,对自己而言"不需要、不适合、不舒服的帮助",一步步地将父母以外的"需要的、适合的、舒服的"事物引入自己的生活,这正是断舍离的过程,也可以解释为新陈代谢。

如果父母目光短浅地看待高考这个问题,其实在某种意义上就是告诉孩子"考上了就上天堂,考不上就下地狱""考上了就非常优秀,考不上就很糟糕"。

但是,这对于"孩子的幸福"是有百害而无一利的。幸福本身是无法给予的,父母单方面把自以为的"幸福"强加给孩子,根本不是为孩子着想。

3. 开始主动学习

父母逐步向促进孩子自立的教育方向转变后，一定能培养孩子的自立心。

而且，父母和孩子的关系从以前的"保护与被保护"渐渐地变成人与人之间"相互认可，相互接纳"的关系。

孩子总有一天会离开家，走向社会。如果孩子两手空空，他只会惊慌失措，无法应对新的环境，作为父母的你也已经精疲力竭，甚至会患上"空巢综合征"①。

因此，我们应该好好利用高考这个难得的机会，和孩子一起来改变固有的思维方式。

我们不能觉得孩子依然乳臭未干，而是要把他当作一个独立的个体，放开一直以来试图控制他的双手，让他学

---

① "空巢综合征"是指中老年人因子女长大成人后离开家庭，其身份丧失而产生的空虚感和失落感。

会独立自主，在尊重孩子意见的同时，也不忘记适时表达出父母的意见。

父母觉得好的东西首先要自己尝试尝试，然后向孩子推荐，但是孩子接不接受，最终要看孩子自己的决定。

如果能建立起这种关系，孩子自然能感受到父母的信任，自然而然地就拥有了自尊心，接着也开始思考"什么东西对我来说才是必需的"。

孩子如果能够从独立自主的角度来理解高考，也会主动地开始走向书桌，主动开始学习。这显然是迈向"考取理想大学"目标的一大步，即使没有考上理想的大学，家人之间的关系也会再上一个大台阶。

4. 开启思考力大门的断舍离行动哲学

作为父母,我们不妨把高考当作一个最佳契机,和孩子一起锤炼生活的智慧,真正地叩问自己"孩子对我来说是什么""父母这个身份对我来说意味着什么",建立一种对现在的自己来说"需要的、适合的、舒服的"关系。

在生活中逐步实践"父母的断舍离""孩子的断舍离"。

如果孩子能够感受到父母对他独立性培养的苦心,等到长大成人,他也会自然而然地明白父母从小就很信任他。这样他再去培养下一代时,生命的接力棒就会一如既往地画出美丽的螺旋图案。

新高考考查的思考力不是仅靠做题技巧就能轻易掌握的。

新高考相当于考查生活全貌。

如果一听到要面临新高考，就马上大张旗鼓、郑重其事地开始做准备，这种短时间的"热血上头"，其结果自然也是可想而知的。

真正重要的是在生活中，从身边的零碎小事开始重新审视自我，与自己的孩子重新建立起新的良好的关系。

希望断舍离的行动哲学能为你和你的孩子的人生之路带去欢乐，也带来成果。

后记

在动笔之前，我也曾想过："我真的有能力谈谈高考，甚至谈谈如何提高学习能力，如何培养孩子吗？"

我按着我认为正确的方式努力把唯一的儿子养大了。他从国立大学毕业后，勉强独立，走入社会，每日勤勤恳恳地工作。

即使如此，我也不敢大言不惭地说"我的教育没有一点问题""用我的教育方针肯定能培养出最优秀的孩子"。

甚至，我觉得这本书也可以叫作"全日本最长的，母亲写给儿子的检讨书"。

其实，三十多年前生了孩子后，我根本没有什么自信心去面对有关教育的各类问题，手无寸铁的我一边在怀疑如此粗心的自己怎么胜任母亲这个角色，一边与养娃路上的各种妖魔鬼怪打着大大小小的仗。

在这种旷日持久的战斗中，我遭遇了各种各样的挫折和阻碍，我也曾忧愁焦虑过，甚至时至今日，还为曾经做过的很多不周全的事而后悔不迭。

也有很多时候，我想好好对孩子说一声"让你做我的孩子，真对不起"。

一个孩子，无论是肉体上还是智力、智慧上，甚至心灵上，都是脆弱的，不成熟的。

作为父母的我们，甚至要比孩子更幼稚，更不成熟。

我们做父母的，绝不会向孩子耀武扬威——"我是你老子，我的话就是圣旨！"我们真正想说的是满腔的感谢之音："谢谢你让我做你的父母。"

孩子让我们当上了父母，并不意味着我们就要对孩子唯唯诺诺，我们也要把自己的意见大胆地提出来，实际上我也是这么做的。

父母与孩子是人生航路上的同志，应认真地接纳彼此，交换不同的观念，虽然过程中会有误解、失败甚至过火的行为，但是依然能调整自身，一点点地改善彼此的关系。

这是最佳的捷径，也是唯一行之有效的方法。

虽有血缘关系，但也只是彼此都不完美的凡人之间进行不完美的意见和不完美的行为的碰撞。

即使不完美，只要这个过程充满欢乐，只要尊重彼此，肯定对方，那么彼此的人生也会变得更加丰富多彩。

父母和孩子的关系是最切身的，也因此是最复杂的人际关系。这种关系从出生一直到死亡，持续整整一生，也因此，过程中常有让人后悔没能及时表达出自己本心的事。

但是，这个过程也恰恰能锻炼出因了解彼此差异而等待不同声音的耐心。

用长远的眼光看待这个过程，建立良好的亲子关系，让彼此收获更多的幸福。我们不妨把迎接新高考当作构建这个崭新关系的一环、一个契机。

感谢阅读本书的您。

有幸遇见您，请收下我满满的爱与谢意。

2016 年 1 月

山下英子

作者简介
山下英子

一般财团法人"断舍离®"代表,"断舍离"推广人。早稻田大学文学部毕业。大学期间开始学习瑜伽,从瑜伽的修行哲学"断行、舍行、离行"中提炼出"断舍离"的思维方式并用于日常生活的"整理",逐渐建立起任何人都能做到的"自我探查法"。"断舍离"也是刺激思维新陈代谢的思路转化法。现在,在日本本土和世界其他国家及地区,不论年龄、性别、职业,规模庞大的支持者都在自发倡导"断舍离"。

从首次出版的《断舍离》面世以来,山下英子独著、主编的众多"断舍离"相关图书也在亚洲、欧洲各国出版,成为现象级畅销书。现在,除了出版书籍,她还通过互联网、报纸、杂志、电视、广播等各种媒体全力发展"断舍离"事业。